数学書房選書 4

確率と乱数

杉田 洋 著

桂 利行・栗原将人・堤 誉志雄・深谷賢治 編集

数学書房

編集

桂 利行
法政大学

栗原将人
慶應義塾大学

堤 誉志雄
京都大学

深谷賢治
ストーニー・ブルック大学

選書刊行にあたって

　数学は体系的な学問である．基礎から最先端まで論理的に順を追って組み立てられていて，順序正しくゆっくり学んでいけば，自然に理解できるようになっている反面，途中をとばしていきなり先を学ぼうとしても，多くの場合，どこかで分からなくなって進めなくなる．バラバラの知識・話題の寄せ集めでは，数学を学ぶことは決してできない．数学の本，特に教科書のたぐいは，この数学の体系的な性格を反映していて，がっちりと一歩一歩進むよう書かれている．

　一方，現在研究されている数学，あるいは，過去においても，それぞれそのときに研究されていた数学は，一本道でできあがってきたわけではない．大学の数学科の図書室に行くと，膨大な数の数学の本がおいてあるが，書いてあることはどれも異なっている．その膨大な数学の内容の中から，100年後の教科書に載るようになることはほんの一部である．教科書に載るような，次のステップのための必須の事柄ではないけれど，十分面白く，意味深い数学の話題はいっぱいあって，それぞれが魅力的な世界を作っている．

　数学を勉強するには，必要最低限のことを能率よく勉強するだけでなく，時には，個性に富んだトピックにもふれて，数学の多様性を感じるのも大切なのではないだろうか．

　このシリーズでは，それぞれが独立して読めるまとまった話題で，高校生の知識でも十分理解できるものについての解説が収められている．書いてあるのは数学だから，自分で考えないで，気楽に読めるというわけではないが，これが分からなければ先には一歩も進めない，というようなものでもない．

　読者が一緒に楽しんでいただければ，編集委員である私たちも大変うれしい．

2008 年 9 月

編者

はじめに

　想像して欲しい，その昔，"確率" という言葉がなかったころを．不規則，予測不能，偶然，でたらめ，ランダム，等々… こうした言葉で表される状況 (以下，ランダムという言葉で表す) を前にして人々は無力であった．しかし長い時間をかけ，ついに人類はこの厄介者を表現し，解析し，定義し，さらには応用する知恵を見出した．しかもそれが正確無比で厳密な数学において——幾何学や代数学とまったく同様に——成し遂げられたことは，ただ驚くばかりである…．

　高校で習う確率は「場合の数を数える」ということが基本であった．大学で学ぶ確率もそれが基本であることには変わりはない．ただ，高校の場合と違って巨大な場合の数を数える．たとえば 10000! のような数がどれくらいの大きさなのかが問題になる．そういう問題を考えるとき，じつは微分積分が役立つのである．また，あまりに大きな数を扱うときは，いっそ無限大の極限を考えた方が計算が容易になることがしばしばある．そこでも微分積分が役立つ．つまり大学で学ぶ確率は「巨大な場合の数を微分積分を用いて数える」ということが基本となる．

　では，なぜ巨大な場合の数を数えるのだろうか．それは "極限定理" と総称される様々な定理を見出すためである．極限定理は現実の問題を解くためにとても役立つ．たとえば 10000 人の人々の生活における各種統計データを解析する，あるいはアボガドロ数ほどの分子の挙動の織りなす物質の性質を調べる，そういうとき極限定理は強力な道具になる．しかし極限定理にはもっと重要な役割がある．それはランダム性——ランダムであるものが持つ特性——の秘密を解き明かすことである．そして，そのことこそが大学で学ぶ確率の最も重要な目的なのである．

　そもそも「ランダムである」とはどういうことか．なぜ極限定理によってラ

ンダム性の秘密を解き明かすことができるのか．こうした問いに答えるために，本書では確率に並ぶ主題として"乱数"を取り上げた．乱数について学ばなくても確率に関する計算はできるし定理の証明もできる．しかし確率とランダム性の関係の本質を理解するためには乱数の知識が必要である．

　乱数を取り上げたもう一つの理由は，モンテカルロ法の正しい理解と実践のために乱数の知識が不可欠だからである．モンテカルロ法はコンピュータを用いた大規模かつ高速なサンプリングによる数値計算法で，広く科学の諸分野で活用されている．それゆえ理論のみならず，応用においても，乱数の正しい知識を持つことは重要である．

　本書は高校数学の知識で読めることを目指した．高校数学の範囲を超える部分は付録で補った．いささか弁解がましいが，確かに大学の数学は難しい．その難しさには三つの大きな要素があると思う．

　一つは扱う概念の精妙さ，それに伴う用語の複雑さである．たとえば"確率変数"という概念には"確率空間"の設定が必要であり，また付随している"分布"という概念とともにはじめて数学的実体として意味を成す．とくに"独立"のように日常語としての意味と専門用語としての意味が異なるものには細心の注意を払わなければならない．

　二つ目は，証明や計算が長い，ということがある．本書でも長い証明や長い計算がいくつもある．これは避けようがない．重要な定理や公式は容易に得られるようなものではないからである．本書ではとくに高校数学では見慣れない不等式による推論がたくさん出てくる．辛抱強く論理の筋道を追って欲しい．ただし初めて読むときは証明や計算の詳細にこだわることなく，定理の意味や考え方の理解を優先すべきである．詳細については大学初年の微分積分を修得した後で再び挑戦すればよい．

　三つ目は"無限"という概念が必須となることである．数学の諸概念が精妙でなければならない大きな理由の一つに無限を扱うことへの配慮がある．19世紀後半から"無限"に正面から取り組むようになって数学は大きな発展を遂げた．しかし，無限は有限と本質的に異なる点が多く，我々の日常の直感がまるで利かなくなる．その際，精妙な理論が必要になるのである．本書では，可算

集合と非可算集合の区別，極限の取り扱いなどで無限の難しさを学ぶ．

　いくつかの定理の証明に本書では一般の教科書には見られないものを採用した．優れた考え方は一つとは限らない，ということを伝えたかったからである．科学におけるブレイクスルーはおよそ一般的でない考え方から見出される．重要な定理の証明などは複数知っておくように心掛けたい．

　半田賢司氏，宮部賢志氏，福山克司氏および本シリーズの編者の各氏には本書の原稿を丁寧に読んで頂き，間違いを指摘して頂いたり貴重な助言を頂いた．それにより本書は大きく改善された．また，数学書房の横山伸氏には熱意を持って本書の出版の労をとって頂いた．末筆ながら，これらの方々に深く感謝の意を表したい．

2014 年 5 月

杉田 洋

目　次

第 1 章　硬貨投げの数学　　1
1.1　数学モデル　　1
1.1.1　確率空間　　4
1.1.2　確率変数　　7
1.2　乱数　　11
1.3　極限定理　　15
1.3.1　ランダム性の解析　　15
1.3.2　数理統計学　　17
1.4　モンテカルロ法　　18
1.5　無限回の硬貨投げ　　20
1.5.1　ボレルの正規数定理　　21
1.5.2　ブラウン運動の構成　　21

第 2 章　乱数　　26
2.1　帰納的関数　　27
2.1.1　計算可能な関数　　28
2.1.2　原始帰納的関数と部分帰納的関数　　29
2.1.3　クリーネの標準形[(*)注1]　　33
2.1.4　枚挙定理　　34
2.2　コルモゴロフ複雑度と乱数　　38
2.2.1　コルモゴロフ複雑度　　38
2.2.2　乱数　　42
2.2.3　応用：素数分布[(*)]　　44

[注1] (*) の付いた節は飛ばして読んでよい．

第 3 章　極限定理　48
3.1　ベルヌーイの定理 48
3.2　大数の法則 53
3.2.1　独立確率変数列 54
3.2.2　チェビシェフの不等式 61
3.2.3　クラメール‐チェルノフの不等式 64
3.3　ド・モアブル‐ラプラスの定理 67
3.3.1　二項分布 68
3.3.2　発見的考察 69
3.3.3　テイラーの公式とスターリングの公式 73
3.3.4　ド・モアブル‐ラプラスの定理の証明 84
3.4　中心極限定理 90
3.5　数理統計学 96
3.5.1　推定 96
3.5.2　検定 99

第 4 章　モンテカルロ法　101
4.1　賭けとしてのモンテカルロ法 101
4.1.1　目的 101
4.1.2　例題 I 再訪 103
4.2　疑似乱数生成器 105
4.2.1　定義 105
4.2.2　安全性 106
4.3　モンテカルロ積分 107
4.3.1　平均と積分 107
4.3.2　平均の推定 109
4.3.3　ランダム‐ワイル‐サンプリング 109
4.4　数理統計学の視点から 116

付　録　117
A.1　記号と用語 117
A.1.1　集合と関数 117

A.1.2 和と積の記号 118
A.1.3 不等号 " ≫ " 120
A.2 2 進法 120
A.2.1 整数の 2 進法表記 120
A.2.2 小数の 2 進法表記 122
A.3 数列と関数の極限 124
A.3.1 数列の収束 124
A.3.2 1 変数関数の連続性 127
A.3.3 多変数関数の連続性 128
A.4 指数関数と対数関数についての極限 128
A.5 C 言語プログラム 129

おわりに 132

参考文献 134

数学者年表 136

索　引 137

記号

$A := B$		B のことを A と定義する ($B =: A$ も同じ)
$P \implies Q$		P ならば Q
$\square$		証明終わり
$\mathbb{N}$	$:=$	$\{0, 1, 2, \cdots\}$，0 と自然数全体の集合
$\mathbb{N}_+$	$:=$	$\{1, 2, \cdots\}$，自然数全体の集合
$\mathbb{R}$	$:=$	実数全体の集合
$\prod_{i=1}^{n} a_i$	$:=$	$a_1 \times \cdots \times a_n$
$\max[\min] A$	$:=$	集合 $A \subset \mathbb{R}$ の元のうちの最大 [小] 値
$\max_{t \geqq 0} \left[\min_{t \geqq 0} \right] u(t)$	$:=$	t が $t \geqq 0$ の範囲を動くときの $u(t)$ の最大 [小] 値
$\lfloor t \rfloor$	$:=$	$t \geqq 0$ を超えない最大の整数 (切り捨てて整数に丸める)
$a \approx b$		a は b とほとんど等しい
$a \gg b$		a は b よりずっと大きい ($b \ll a$ も同じ)
$a_n \sim b_n$		$a_n/b_n \to 1, \quad n \to \infty$
$\varnothing$	$:=$	空集合
$\mathfrak{P}(\Omega)$	$:=$	集合 Ω の部分集合全体の集合 (ベキ集合)
$\mathbf{1}_A(x)$	$:=$	集合 A の定義関数 $= \begin{cases} 1 & (x \in A) \\ 0 & (x \notin A) \end{cases}$
$\#A$	$:=$	集合 A の元の個数
A^c	$:=$	集合 A の補集合
$A \times B$	$:=$	$\{(x, y) \mid x \in A, y \in B\}$(集合 A, B の直積)

ギリシャ文字一覧

A, α	アルファ		N, ν	ニュー
B, β	ベータ		Ξ, ξ	クシー (クサイ, グザイ)
Γ, γ	ガンマ		O, o	オミクロン
Δ, δ	デルタ		$\Pi, \pi\ (\varpi)$	パイ (ピー)
$E, \varepsilon\ (\epsilon)$	イプシロン		$P, \rho\ (\varrho)$	ロー
Z, ζ	ゼータ (ツェータ)		$\Sigma, \sigma\ (\varsigma)$	シグマ
H, η	イータ (エータ)		T, τ	タウ
$\Theta, \theta\ (\vartheta)$	シータ (テータ)		Υ, υ	ウプシロン (ユプシロン)
I, ι	イオタ		$\Phi, \phi\ (\varphi)$	ファイ (フィー)
K, κ	カッパ		X, χ	カイ (キー)
Λ, λ	ラムダ		Ψ, ψ	プサイ (プシー)
M, μ	ミュー		Ω, ω	オメガ

第 1 章
硬貨投げの数学

硬貨を投げ続けて，表が出れば 1，裏が出れば 0 を記録していくとランダムな 0 と 1 からなる列 (以下，{0,1}-列とよぶ) ができる．第 1 章では，そのようなランダムな {0,1}-列を題材として

- ランダムなものを扱うための数学的枠組み (§ 1.1)
- 「ランダムであること」の定義 (§ 1.2)
- ランダム性を解析する方法 (§ 1.3.1)
- ランダム性の二，三の応用 (§ 1.3.2，§ 1.4)

について概略を学ぶ．

硬貨投げはランダムな現象としては単純すぎてつまらないと思うかもしれない．しかしじつは硬貨投げはランダムな現象を表現するための "原子" の役目をし，事実上すべてのランダムな現象の数学モデルは硬貨投げの数学モデルから構成することができる (§ 1.5.2)．だから硬貨投げのランダム性について調べることは，ありとあらゆるランダム性について調べることに通じる．

第 1 章では，基本的な考え方を述べるに留め，定理の証明などは行わない．それらは後続の各章であらためて詳しく学ぶ．

1.1 数学モデル

たとえば "円" という概念は世の中の様々な "丸いもの" を理想化あるいは抽象化して得られるが，数学で扱う場合には，その**数学モデル**として方程式 $(x-a)^2 + (y-b)^2 = c^2$ を考える．すなわち，数学で円とはこの方程式の解全体の集合

$$\{(x,y) \mid (x-a)^2 + (y-b)^2 = c^2\}$$

のことである．ランダムな対象の場合も，そのものを直接に数学で扱うことはできないので，代わりにその数学モデルを考える．たとえば，"n 回の硬貨投げ" といえば，本当に硬貨を n 回投げることをいうのではなく，その数学モデル——円の場合と同様に数式で表すことができるもの——のことを指すのである．

"3 回の硬貨投げ" の数学モデルについて考えてみよう．第 i 回目の硬貨投げの結果 (表 $= 1$，裏 $= 0$ と表す) を X_i とする．高校では，たとえば「3 回の硬貨投げの結果が順に，表，裏，表，である確率は

$$P(X_1 = 1, X_2 = 0, X_3 = 1) = \left(\frac{1}{2}\right)^3 = \frac{1}{8} \tag{1.1}$$

である」と習うが，そこでは P や X_i の数学的実体は明らかにされていない．それらを明らかにしてはじめて数学モデルということができる．

図 1.1　一円硬貨の表 (左) と裏 (右)

例 1.1　0 と 1 からなる長さ 3 の列全体の集合を $\{0,1\}^3$ と書く；

$$\{0,1\}^3 := \{\omega = (\omega_1, \omega_2, \omega_3) \mid \omega_i \in \{0,1\}, 1 \leqq i \leqq 3\}$$
$$= \{(0,0,0), (0,0,1), (0,1,0), (0,1,1),$$
$$(1,0,0), (1,0,1), (1,1,0), (1,1,1)\}.$$

$\{0,1\}^3$ のすべての部分集合からなる集合を $\mathfrak{P}(\{0,1\}^3)$ と書く [注1]．すなわち $A \in \mathfrak{P}(\{0,1\}^3)$ とは $A \subset \{0,1\}^3$ のことである．集合 A の元(または要素) の個

[注1] $\{0,1\}^3$ のベキ集合とよぶ．$\mathfrak{P}$ は P のドイツ文字でベキ集合のドイツ語 Potenzmenge，あるいは英語 power set の頭文字にちなむ．

数を $\#A$ で表す. そして関数 $P_3 : \mathfrak{P}(\{0,1\}^3) \to [0,1] := \{x \mid 0 \leqq x \leqq 1\}$ を

$$P_3(A) := \frac{\#A}{\#\{0,1\}^3} = \frac{\#A}{2^3}, \quad A \in \mathfrak{P}(\{0,1\}^3)$$

と定義する (付録：定義 A.3). 次に関数 $\xi_i : \{0,1\}^3 \to \{0,1\}$, $i = 1, 2, 3$, を

$$\xi_i(\omega) := \omega_i, \quad \omega = (\omega_1, \omega_2, \omega_3) \in \{0,1\}^3 \tag{1.2}$$

と定義する. 各 ξ_i を**座標関数**という. このとき

$$\begin{aligned}
& P_3\left(\left\{\omega \in \{0,1\}^3 \mid \xi_1(\omega) = 1, \xi_2(\omega) = 0, \xi_3(\omega) = 1\right\}\right) \\
&= P_3\left(\left\{\omega \in \{0,1\}^3 \mid \omega_1 = 1, \omega_2 = 0, \omega_3 = 1\right\}\right) \\
&= P_3(\{(1,0,1)\}) = \frac{1}{2^3}.
\end{aligned} \tag{1.3}$$

等式 (1.3) は，実際の硬貨投げとはまったく関係ないが，形式的には (1.1) と同一である．読者は「表，裏，表」の場合だけでなく，他のすべての可能な順列についてもこの形式的同一性を容易に確かめることができるだろう．だから 3 回の硬貨投げに関するすべての確率の計算は P_3 と $\{\xi_i\}_{i=1}^{3}$ を用いて実行できる．このことは「(1.1) の P や $\{X_i\}_{i=1}^{3}$ は P_3 や $\{\xi_i\}_{i=1}^{3}$ のことである」と考えて差し支えないことを意味する．すなわち

$$P \longleftrightarrow P_3, \quad \{X_i\}_{i=1}^{3} \longleftrightarrow \{\xi_i\}_{i=1}^{3}$$

の対応で P_3 や $\{\xi_i\}_{i=1}^{3}$ は "3 回の硬貨投げ" の数学モデルである．

円の数学モデルは方程式 $(x-a)^2 + (y-b)^2 = c^2$ に限らない．極座標表示やベクトル方程式で表す場合もある．要は目的に応じて数学モデルを選べばよい．硬貨投げの場合も同様である．例 1.1 に提案した数学モデル以外にもたとえば次のような数学モデルを考えることができる．

例 1.2 (ボレルの硬貨投げのモデル)　各 $x \in [0,1) := \{x \mid 0 \leqq x < 1\}$ に対して $d_i(x) \in \{0,1\}$ を x の 2 進法表記 (付録：§ A.2.2) の小数第 i 位の数とする．また，半開区間 $[a,b) \subset [0,1)$ の長さを

$$\mathbb{P}([a,b)) := b - a$$

と書く．半開区間の長さを返す関数 $\mathbb{P}$ は**ルベーグ測度**[注2]とよばれる．このとき $d_1(x), d_2(x), d_3(x)$ がそれぞれ順に 1, 0, 1 に等しいような $x \in [0,1)$ の集合の長さは

$$\mathbb{P}\left(\{x \in [0,1) \mid d_1(x)=1, d_2(x)=0, d_3(x)=1\}\right)$$
$$= \mathbb{P}\left(\left\{x \in [0,1) \,\Big|\, \frac{1}{2}+\frac{0}{2^2}+\frac{1}{2^3} \le x < \frac{1}{2}+\frac{0}{2^2}+\frac{1}{2^3}+\frac{1}{2^3}\right\}\right)$$
$$= \mathbb{P}\left(\left[\frac{5}{8},\frac{6}{8}\right)\right) = \frac{1}{8}$$

であることが分かる．数直線 (2 進法表記) で表すと

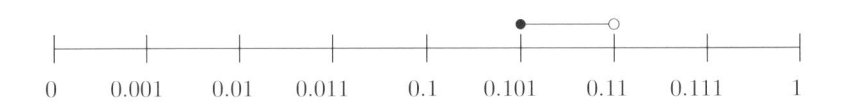

この場合も

$$P \longleftrightarrow \mathbb{P}, \quad \{X_i\}_{i=1}^3 \longleftrightarrow \{d_i\}_{i=1}^3$$

の対応の下で $\mathbb{P}$ や $\{d_i\}_{i=1}^3$ は "3 回の硬貨投げ" の数学モデルである．

そもそも (1.1) 自身が本当に硬貨投げの確率の計算として正しいかどうか，ということが問題だ，と考える人もいるかもしれない．確かに硬貨は表と裏で刻印が異なるので，表と裏が正確に同じ確率で出ることはないであろうから，(1.1) は現実的には適当でないかもしれない．ここで扱っている "硬貨投げ" はその理想化の一つであって，あくまでも我々が机上で想定するものである．それは真の円など現実には存在しないにも関わらず，方程式 $(x-a)^2+(y-b)^2=c^2$ を考えることと同じである．

1.1.1 確率空間

前節で述べたことを一般的な枠組みで整理する．以下では "確率論" という言葉が何度も出てくるが，それはコルモゴロフ [8][注3]により創設された確率に

[注2] 測度とは "測る道具" の意．英語 measure の邦訳．
[注3] [8] は巻末の参考文献の番号を表す．

関する理論体系を指す.

では確率分布と確率空間の定義から始める.

定義 1.3 (確率分布)　Ω を $\emptyset$ (空集合) でない有限集合とする. 各 $\omega \in \Omega$ に実数 $p_\omega \in [0,1]$ が対応して

$$\sum_{\omega \in \Omega} p_\omega = 1$$

を満たすとする (付録:§ A.1.2). このとき, ω と p_ω の組の集合

$$\{(\omega, p_\omega) \,|\, \omega \in \Omega\}$$

を Ω 上の**確率分布** (または**分布**) という.

定義 1.4 (確率空間)　Ω を $\emptyset$ でない有限集合とする. $\mathfrak{P}(\Omega)$ を Ω のすべての部分集合からなる集合とする. 関数 $P : \mathfrak{P}(\Omega) \to \mathbb{R}$ が

(ⅰ)　$0 \leq P(A) \leq 1, \quad A \in \mathfrak{P}(\Omega)$,

(ⅱ)　$P(\Omega) = 1$,

(ⅲ)　$A, B \in \mathfrak{P}(\Omega)$ が**互いに素** (または**互いに排反**, $A \cap B = \emptyset$ のこと)
　　　$\Longrightarrow P(A \cup B) = P(A) + P(B)$,

を満たすとき, 三つ組 $(\Omega, \mathfrak{P}(\Omega), P)$ を**確率空間**[注4]とよぶ. $\mathfrak{P}(\Omega)$ の元 (Ω の部分集合) を**事象**, とくに Ω を**全事象**, $\emptyset$ を**空事象**とよぶ. また一点集合 $\{\omega\}$ (または ω) を**根元事象**という. P を**確率測度** (または**確率**), 事象 A に対して $P(A)$ を A の (起こる) **確率**とよぶ.

空集合 $\emptyset$ でない有限集合 Ω に対して, その上に分布を与えることと, 確率空間を与えることは同等である. 実際, Ω 上の分布 $\{(\omega, p_\omega) \,|\, \omega \in \Omega\}$ が与えられたとき, $P : \mathfrak{P}(\Omega) \to \mathbb{R}$ を

$$P(A) := \sum_{\omega \in A} p_\omega, \quad A \in \mathfrak{P}(\Omega)$$

[注4] 数学では, 線形空間, ユークリッド空間, 位相空間, ヒルベルト空間, というように "〜空間" がよく登場する. これらは集合に何らかの構造, 演算, 関数などを付随させた総体を指す. 我々が現実に住んでいる "(3 次元) 空間" とは一般に関係ない.

と定義すれば $(\Omega, \mathfrak{P}(\Omega), P)$ は確率空間である．逆に確率空間 $(\Omega, \mathfrak{P}(\Omega), P)$ が与えられたとき，
$$p_\omega := P(\{\omega\}), \quad \omega \in \Omega$$
とすれば $\{(\omega, p_\omega) \mid \omega \in \Omega\}$ は Ω 上の分布になる．

例 1.1 で扱った $\{0,1\}^3$, $\mathfrak{P}(\{0,1\}^3)$, および P_3 を組にした
$$(\{0,1\}^3, \mathfrak{P}(\{0,1\}^3), P_3)$$
は確率空間である．P_3 のように，一般に
$$P(A) = \frac{\#A}{\#\Omega}, \quad A \in \mathfrak{P}(\Omega)$$
を満たす確率測度を Ω 上の**一様確率測度**という．あるいは同じことだが
$$p_\omega = \frac{1}{\#\Omega}, \quad \omega \in \Omega$$
で定まる分布を**一様分布**という．一様確率測度を設定するということは Ω の各元が同様に確からしく選出される状況を仮定していると解釈される．

三つ組 $(\Omega, \mathfrak{P}(\Omega), P)$ は定義 1.4 の条件 (i)(ii)(iii) を満たしている限り，それが偶然現象などに関係していなくても，確率空間とよばれる．実際，$(\{0,1\}^3, \mathfrak{P}(\{0,1\}^3), P_3)$ はそれ自体，偶然現象と何の関係もない．これを 3 回の硬貨投げと関連付けるのは単にそのように "解釈" しているだけである．

なお，例 1.2 では，$[0,1)$ を全事象，ルベーグ測度 $\mathbb{P}$ を確率としたいところだが，$[0,1)$ が無限集合なので定義 1.4 の守備範囲から外れてしまう．全事象が無限集合の場合でも確率空間を定義することは可能だが，それにはボレルやルベーグによる**測度論**が必要になり本書の水準を超えるので扱わない．

次の命題の各主張は定義 1.4 からすぐ分かる．

命題 1.5 $(\Omega, \mathfrak{P}(\Omega), P)$ を確率空間とする．$A, B \in \mathfrak{P}(\Omega)$ のとき

 (i) $P(A^c) = 1 - P(A)$.[注5] とくに $P(\emptyset) = 0$,

[注5] $A^c := \{\omega \in \Omega \mid \omega \notin A\}$ は A の補集合 (付録：§ A.1.1). 確率論の文脈では**余事象**という．

(ii) $A \subset B \implies P(A) \leqq P(B)$,

(iii) $P(A \cup B) = P(A) + P(B) - P(A \cap B)$,
とくに $P(A \cup B) \leqq P(A) + P(B)$.

1.1.2 確率変数

定義 1.6 $(\Omega, \mathfrak{P}(\Omega), P)$ を確率空間とする．一般に，関数 $X: \Omega \to \mathbb{R}$ を**確率変数**とよぶ．X のとり得るすべての値の集合 (X の値域) を $\{a_1, \cdots, a_s\} \subset \mathbb{R}$ とし，$X = a_i$ となる確率を p_i とする；

$$P(\{\omega \in \Omega \mid X(\omega) = a_i\}) =: p_i, \quad i = 1, \cdots, s. \tag{1.4}$$

このとき，それらの対応を表す組の集合

$$\{(a_i, p_i) \mid i = 1, \cdots, s\} \tag{1.5}$$

を X の**確率分布** (または**分布**) という．

$$0 \leqq p_i \leqq 1, \quad i = 1, \cdots, s, \qquad p_1 + \cdots + p_s = 1$$

であるから，(1.5) は集合 $\{a_1, \cdots, a_s\}$ 上の分布である．しばしば (1.4) の左辺の $P(\ )$ の中の事象およびその確率を，それぞれ

$$\{X = a_i\}, \quad P(X = a_i)$$

と略記する．

複数の確率変数 $X_1, \cdots, X_n$ に対しては，各 X_i の値域を $\{a_{i1}, \cdots, a_{is_i}\} \subset \mathbb{R}$ とし

$$P(X_1 = a_{1j_1}, \cdots, X_n = a_{nj_n}) =: p_{j_1, \cdots, j_n},$$
$$j_1 = 1, \cdots, s_1, \quad \cdots, \quad j_n = 1, \cdots, s_n \tag{1.6}$$

とするとき，それらの対応を表す組の集合

$$\{((a_{1j_1}, \cdots, a_{nj_n}), p_{j_1, \cdots, j_n}) \mid j_1 = 1, \cdots, s_1, \quad \cdots, \quad j_n = 1, \cdots, s_n\} \tag{1.7}$$

を $X_1, \cdots, X_n$ の**結合分布** (または**同時分布**) とよぶ．(1.6) の左辺はもちろん

$$P(\{\omega \in \Omega \mid X_1(\omega) = a_{1j_1}, X_2(\omega) = a_{2j_2}, \cdots, X_n(\omega) = a_{nj_n}\})$$

の略記である.このとき

$$0 \leqq p_{j_1,\cdots,j_n} \leqq 1, \quad j_1 = 1,\cdots,s_1, \quad \cdots, \quad j_n = 1,\cdots,s_n,$$

$$\sum_{j_1=1,\cdots,s_1,\ \cdots,\ j_n=1,\cdots,s_n} p_{j_1,\cdots,j_n} = 1$$

である (付録:§ A.1.2) から,(1.7) は直積集合 (付録:定義 A.1)

$$\{a_{11},\cdots,a_{1s_1}\} \times \cdots \times \{a_{n1},\cdots,a_{ns_n}\}$$

の上の分布である.

結合分布に対比させて個々の X_i の分布を**周辺分布**という.

例 1.7 結合分布と周辺分布について $n=2$ の場合に見てみよう.いま二つの確率変数 X_1, X_2 の結合分布が

$$P(X_1 = a_{1i}, X_2 = a_{2j}) = p_{ij}, \quad i=1,\cdots,s_1, \quad j=1,\cdots,s_2$$

で与えられているとしよう.このときそれぞれの周辺分布は

$$P(X_1 = a_{1i}) = \sum_{j=1}^{s_2} P(X_1 = a_{1i}, X_2 = a_{2j}) = \sum_{j=1}^{s_2} p_{ij}, \quad i=1,\cdots,s_1,$$

$$P(X_2 = a_{2j}) = \sum_{i=1}^{s_1} P(X_1 = a_{1i}, X_2 = a_{2j}) = \sum_{i=1}^{s_1} p_{ij}, \quad j=1,\cdots,s_2$$

である.この様子を表にすると次のようになる.

$X_2 \backslash X_1$	a_{11}	$\cdots\cdots$	a_{1s_1}	X_2の周辺分布
a_{21}	p_{11}	$\cdots\cdots$	$p_{s_1 1}$	$\sum_{i=1}^{s_1} p_{i1}$
$\vdots$	$\vdots$	$\ddots$	$\vdots$	$\vdots$
a_{2s_2}	p_{1s_2}	$\cdots\cdots$	$p_{s_1 s_2}$	$\sum_{i=1}^{s_1} p_{is_2}$
X_1の周辺分布	$\sum_{j=1}^{s_2} p_{1j}$	$\cdots\cdots$	$\sum_{j=1}^{s_2} p_{s_1 j}$	

見ての通り,表の周辺に配置されるので "周辺" 分布の名がある.

一般に，結合分布から周辺分布がただ一通りに定まるが (例 1.7)，周辺分布から結合分布は一通りには定まらない．

例 1.8　確率空間 $(\{0,1\}^3, \mathfrak{P}(\{0,1\}^3), P_3)$ 上で (1.2) によって定義された座標関数 $\xi_i : \{0,1\}^3 \to \mathbb{R}$，$i=1,2,3$，は確率変数である．各 ξ_i の分布は

$$\{(0, 1/2), (1, 1/2)\}$$

である．すなわち ξ_i はすべて同じ分布を持つ．また，結合分布は一様分布

$$\{((0,0,0), 1/8), ((0,0,1), 1/8), ((0,1,0), 1/8), ((0,1,1), 1/8),$$

$$((1,0,0), 1/8), ((1,0,1), 1/8), ((1,1,0), 1/8), ((1,1,1), 1/8)\}$$

である．

例 1.9　定数も確率変数と考えることができる；$(\Omega, \mathfrak{P}(\Omega), P)$ を確率空間とするとき，定数 $c \in \mathbb{R}$ に対して，$X(\omega) := c$，$\omega \in \Omega$，で定義される確率変数 X は分布 $\{(c,1)\}$ を持つ．

確率変数は確率論の主役である．それは様々な現象の中で観測されるランダムな値をとる変量の数学モデルである．「確率変数 X が確率空間 $(\Omega, \mathfrak{P}(\Omega), P)$ で定義されている」ということは「ω が Ω から確率 $P(\{\omega\})$ でランダムに選出されて，それに伴い X の実現値 $X(\omega)$ がランダムになる」というふうに解釈される．一般に，$\omega \in \Omega$ を選出し $X(\omega)$ の値を得ることを**サンプリング** (または標本抽出)，$X(\omega)$ の値を X の**サンプル値** (または標本値，データ) という．

確率論においては，確率変数の個々のサンプル値やそのサンプリングの方法には関心がなく，確率変数は常に関数として扱われる．だから確率変数はとくにランダムな変量という解釈を持っていなくてもよいし，また ω はランダムに選出される必要もない．しかし確率論を現実の問題に応用する場合には，たとえば数理統計学やモンテカルロ法のように，確率変数の個々のサンプル値やサンプリングの方法が重要な意味を持つことがある．

通常，確率空間は確率変数を定義するための舞台にすぎない，と考えてよい．すなわち，構成したい一つあるいは複数の確率変数の分布あるいは結合分布が

与えられて，それに合わせて適当に確率空間を仕立てることがよく行われる．実際，任意の分布 $\{(a_i, p_i) \mid i = 1, \cdots, s\}$ が与えられたとき，適当な確率空間 $(\Omega, \mathfrak{P}(\Omega), P)$ とそこで定義された確率変数 X を構成して X の分布がこの分布に一致するようにできる．たとえば

$$\Omega := \{a_1, \cdots, a_s\}, \quad P(\{a_i\}) := p_i, \quad X(a_i) := a_i, \quad i = 1, \cdots, s$$

とすればよい．同様に，任意の結合分布

$$\{((a_{1j_1}, \cdots, a_{nj_n}), p_{j_1, \cdots, j_n}) \mid j_1 = 1, \cdots, s_1, \cdots, j_n = 1, \cdots, s_n\} \quad (1.8)$$

が与えられたとき，確率空間 $(\Omega, \mathfrak{P}(\Omega), P)$ と確率変数 $X_1, \cdots, X_n$ を

$$\Omega := \{a_{11}, \cdots, a_{1s_1}\} \times \cdots \times \{a_{n1}, \cdots, a_{ns_n}\},$$
$$P(\{(a_{1j_1}, \cdots, a_{nj_n})\}) := p_{j_1, \cdots, j_n}, \quad j_1 = 1, \cdots, s_1, \cdots, j_n = 1, \cdots, s_n,$$
$$X_i((a_{1j_1}, \cdots, a_{nj_n})) := a_{ij_i}, \quad i = 1, \cdots, n$$

と定義する．各 X_i は座標関数である．このとき $X_1, \cdots, X_n$ の結合分布は，はじめに与えた結合分布 (1.8) に一致する．このような実現を**標準的実現**という．例 1.8 で示したのは 3 回の硬貨投げの標準的実現である．

注意 1.10 ラプラスは，偶然は存在せず森羅万象は決定論的である，という．[23] 第 II 編冒頭を一部省略しながら引用しよう；「与えられた時点において物質を動かしているすべての力と，その分子の位置や速度をも知っている英知が，なおまたこれらの資料を解析するだけの広大な力を持つならば，(中略) このような英知[注6]にとっては，不規則なものは何一つなく，(中略) 確実に規制されて見えるであろう．しかしこの大きな問題を解くために必要な資料の膨大さについては我々は無知であり，その無力さゆえに，(中略) 既知の資料の大部分は計算にかけることが不可能である．そして我々にとって何ら秩序なしに継起するかに見える現象を，その作用を"偶然"という言葉で言い表す不特定で隠された原因のせいにしてしまう．」すなわちラプラスによれば，偶然とは人の無知と無力の現れに過ぎない，ということになる．

[注6] それは後世になって"ラプラスの悪魔"とよばれるようになった．

確率論における確率変数の定式化には，このラプラスの決定論的考えが反映されている．すなわち，全事象 Ω は想定し得る "膨大な資料" の全体の集合，根元事象 ω はある一つの "膨大な資料" であり $X(\omega)$ はその ω の下でのきわめて複雑な運動方程式の解，と解釈することができる．

ラプラスの考えは量子力学が発見されるまで科学者の間で支配的であった．

1.2 乱数

ランダム性は全事象 Ω から一つの元 ω が選出される過程で関与し，一方，確率論はその選出過程について無関心であるので，ランダム性について確率論では何も解明できないように見受けられる．しかし，じつは確率論を用いてランダム性について様々なことが解明できる．その仕組みについてこの節と次節で説明する．

「ランダムであること」の定義は Ω から ω が選出される過程を数学的に定式化することによって可能である．

例 1.1 を一般化して，n 回の硬貨投げの確率空間 $(\{0,1\}^n, \mathfrak{P}(\{0,1\}^n), P_n)$ を考える．ここで $P_n : \mathfrak{P}(\{0,1\}^n) \to \mathbb{R}$ は $\{0,1\}^n$ 上の一様確率測度，すなわち

$$P_n(A) := \frac{\#A}{\#\{0,1\}^n} = \frac{\#A}{2^n}, \quad A \in \mathfrak{P}(\{0,1\}^n) \tag{1.9}$$

を満たす確率測度である．アリス [注7] が自分の意思で $\omega \in \{0,1\}^n$ を一つ選ぶ場合を考えよう．n が小さい場合は，アリスは長さ n の $\{0,1\}$-列を一つ書き出せばよい．たとえば $n = 10$ ならば $(1,1,1,0,1,0,0,1,1,1)$ というふうに．$n = 1000$ でも同じ方法で何とかやれるだろう．

問題は $n \gg 1$ [注8] の場合である．たとえば $n = 10^8$ のとき，アリスはどうやって $\{0,1\}^{10^8}$ の元を選べばよいだろうか．原理的にはやはり長さ 10^8 の $\{0,1\}$-列を一つ書き出せばよいが，10^8 が非常に大きな数なのでそれは現実的でなく事実上不可能である．作業の大変さを考えればコンピュータを使わざる

[注7] 唐突だが，アリスは本書で考察するいくつかの思考実験を行う架空の人物の名である．
[注8] $a \gg b$ は「a は b よりずっと大きい」の意．詳しくは付録：§ A.1.3 を参照せよ．

を得ない．そこで，アリスがコンピュータを用いて $\omega \in \{0,1\}^{10^8}$ を出力させる，という状況を想定しよう．そのとき必要となるプログラムは

$$\omega = (0,0,0,0,\cdots,0,0) \in \{0,1\}^{10^8} \tag{1.10}$$

のように，すべて 0 からなるものを出力する場合は容易に書ける．また

$$\omega = (1,0,1,0,\cdots,1,0) \in \{0,1\}^{10^8} \tag{1.11}$$

のように "1,0" のパターンが 5×10^7 回繰り返されるものなら，(1.10) よりは少し長くなるだろうが，この場合も容易に書くことができる．一方で $\omega \in \{0,1\}^{10^8}$ によっては出力するためのプログラムがとても長くなり，事実上書けなくなってしまうことがある．以下で事情を説明しよう．

一般にプログラムは有限の文字列で構成されるが，コンピュータの内部では $\{0,1\}$-列に変換されるので，以下，それを有限の長さの $\{0,1\}$-列と考えよう．いま，$\omega \in \{0,1\}^{10^8}$ を出力するプログラムのうち最も短いもの[注9]を q_ω，その長さを $L(q_\omega)$ と表そう．$\omega \neq \hat{\omega}$ ならば $q_\omega \neq q_{\hat{\omega}}$ である．このとき $L(q_\omega) = k$ であるような ω の個数 (つまり $q_\omega \in \{0,1\}^k$ を満たす ω の個数) は $\#\{0,1\}^k = 2^k$ 以下である．このことから $L(q_\omega) \leqq M$ であるような $\omega \in \{0,1\}^{10^8}$ の総数は

$$\#\{0,1\}^1 + \#\{0,1\}^2 + \cdots + \#\{0,1\}^M = 2^1 + 2^2 + \cdots + 2^M$$
$$= 2^{M+1} - 2$$

以下である．逆にいえば，$L(q_\omega) \geqq M+1$ であるような $\omega \in \{0,1\}^{10^8}$ の総数は $2^{10^8} - 2^{M+1} + 2$ 以上である．もっと具体的にいえば，$L(q_\omega) \geqq 10^8 - 10$ であるような $\omega \in \{0,1\}^{10^8}$ の総数は $2^{10^8} - 2^{10^8-10} + 2$ 以上であり，これは全体 2^{10^8} の $1 - 2^{-10} = 1023/1024$ 以上を占める．一方，どんな $\omega \in \{0,1\}^{10^8}$ でも「ω の 0 と 1 の並びをそのまま出力する」というプログラム——その長さは ω の長さとほぼ同じおよそ 10^8 くらいだろう——によって確かに出力される．以上から，圧倒的多数の $\omega \in \{0,1\}^{10^8}$ に対して，$L(q_\omega) \approx 10^8$ が成り立つ[注10]．こ

[注9] プログラムの長さは使用するプログラム言語に依存するが，ここでは大勢に影響がないので目をつむろう．詳しくは §2.2.1 で述べる．

[注10] $x \approx y$ は x と y の値がほぼ等しいの意．

とが分かる．一般に $n \gg 1$ のとき，$L(q_\omega) \approx n$ となる $\omega \in \{0,1\}^n$ をコルモゴロフらはランダムな $\{0,1\}$-列，すなわち**乱数**[注11]とよんだ．

短いプログラムで出力できる ω は何らかの規則性のゆえにそうできる，というか，その短いプログラム q_ω 自身が ω の規則性を表している．だから q_ω が長いということは，それだけ ω に規則性がない，ということを示している．したがって乱数は "最も規則性のない $\{0,1\}$-列" であるといえよう．また，出力するために長大なプログラムが必要な乱数はコンピュータを用いても事実上書き出すことができない．このことは「乱数は人為的には選出できない」ことを示している．このように乱数という概念は，我々が直感的に察知している「ランダムであること」をよく表している．

$n \gg 1$ のとき，もし ω が $\{0,1\}^n$ から P_n に従って同様に確からしく選出されるとすると，きわめて高い確率で乱数が選ばれるであろう．この章の冒頭に「硬貨を投げ続けて，表が出れば 1，裏が出れば 0 を記録していくとランダムな $\{0,1\}$-列ができる」と書いたが，正確には「きわめて高い確率でランダムな $\{0,1\}$-列ができる」と訂正しなければならない．実際，非常に稀だが (1.10) や (1.11) のようなランダムでない ω ができることもあるのだから．

注意 1.11 確率論において "ランダム" という言葉は対象となる数量が確率変数であることを意味する場合が多い．また，科学全般において "ランダム" という言葉は様々な文脈で様々な意味に使われる．それらと区別するときは，本書で扱うランダム性は "アルゴリズム的ランダム性" とよばれることがある．

注意 1.12 ここでは乱数は長大な $\{0,1\}$-列，すなわち多数回の硬貨投げの結果，に関して述べた．しかし，我々は "一回の硬貨投げ" でもランダムな現象だと感じている．その理由は何だろうか．

たとえば，表を上にして硬貨を机から 5 mm の高さから静かに落とすと，硬貨はきっと表を上にして机の上で止まる (表が出る) だろう．しかし，50 cm の

[注11) 乱数の定義は，このように少し曖昧さを残した形にならざるを得ない．詳しくは注意 2.16 で述べる．

高さからだと，作為的に表を出すことはまず不可能である．なぜか．机の表面で硬貨は決定論的な法則に従って跳ね返り，原理的には 50 cm から落とす場合でも作為的に表を出すことは可能だと考えられる (注意 1.10)．しかし，硬貨の跳ね返りの運動はその初期状態に非常に鋭敏に左右され，硬貨を静かに手放すその瞬間の微小な誤差が，表が出るか裏が出るか，に影響してしまう (図 1.2)．つまり，50 cm の高さから硬貨を落とす瞬間の硬貨の力学的状態の測定と設定をきわめて高い精度で行わなければ，表が出るか裏が出るかを作為的に操ることができないのである．だから，事実上，人の意思で硬貨の表裏を操ることができない．このことはまさに「事実上，人の意思で操ることができない」という点で乱数の選出と似ている．

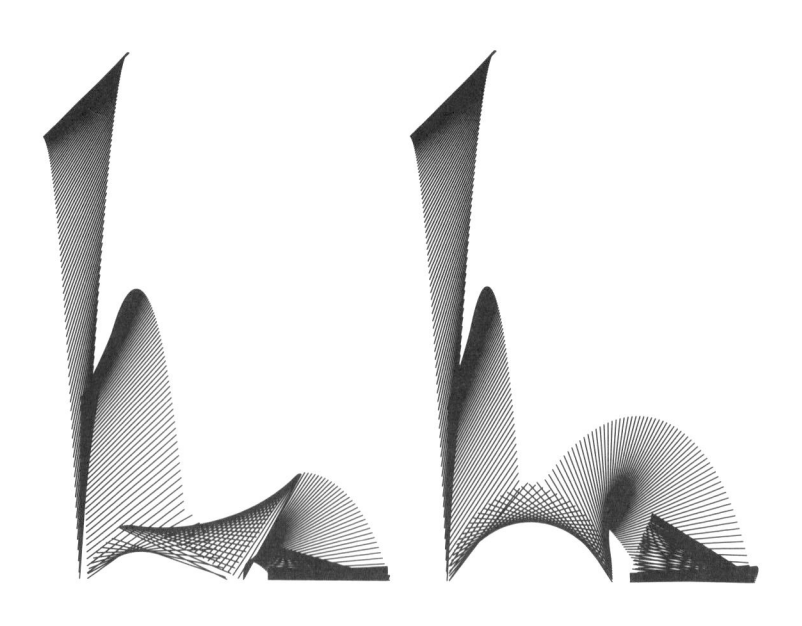

図 1.2 硬貨の跳ね返り (初期値のわずかに異なる二つのシミュレーション)

1.3 極限定理

1.3.1 ランダム性の解析

事実上すべてのランダムな現象の数学モデルは硬貨投げから構成することができる (§ 1.5.2) から，ランダム性を調べるためには本質的に乱数の性質を調べればよい．ところが，じつは個々の乱数の性質というのはまったく知ることができない．実際，もし与えられた $\omega \in \{0,1\}^n$ が乱数であっても，そのこと (ω が乱数であること) を認識することすらできないのである (定理 2.18)．確かなのは前節で述べた「$n \gg 1$ のとき $\{0,1\}^n$ の元のうち圧倒的多数は乱数である」という事実くらいである．このような状況で，はたして乱数の性質について調べることなど可能であろうか．

乱数の集団としての性質なら調べることが可能である．答えは意外にも単純である; $n \gg 1$ のとき $\{0,1\}^n$ の圧倒的多数の元が持つ性質を調べればよい．そのような性質は確率論では数々の**極限定理**によって述べられる．それゆえ確率論においては極限定理の研究がきわめて重要な位置を占める．

極限定理の例を挙げよう．$(\{0,1\}^n, \mathfrak{P}(\{0,1\}^n), P_n)$ を n 回の硬貨投げの確率空間とする．(1.2) のように座標関数[注12]

$$\xi_i(\omega) := \omega_i, \quad \omega = (\omega_1, \cdots, \omega_n) \in \{0,1\}^n, \quad i = 1, \cdots, n \tag{1.12}$$

はそれぞれ第 i 回の硬貨投げの結果 (0 または 1) を表す．このとき，どんなに小さい $\varepsilon > 0$ に対しても

$$\lim_{n \to \infty} P_n \left(\left\{ \omega \in \{0,1\}^n \,\middle|\, \left| \frac{\xi_1(\omega) + \cdots + \xi_n(\omega)}{n} - \frac{1}{2} \right| > \varepsilon \right\} \right) = 0 \tag{1.13}$$

が成り立つ．$\xi_1(\omega) + \cdots + \xi_n(\omega)$ は n 回の硬貨投げ ω で表 ($= 1$) の出る回数を表すから，(1.13) は $n \gg 1$ のとき表が出る相対度数 (割合) が圧倒的多数の $\omega \in \{0,1\}^n$ に対してほぼ $1/2$ である，ということを示している．(1.13) はベルヌーイの定理 (定理 3.2，**大数の法則** (定理 3.18) の特別な場合) とよばれる極

[注12] 厳密には関数 ξ_i は n によって定義域が異なるから $\xi_{n,i}$ のように表すべきだが，"第 i 座標の成分を与える関数" という同じ意味を持つので，同じ記号 ξ_i で表すことにする．

限定理である．定量的には次のチェビシェフの不等式 (例 3.19) がある；

$$P_n\left(\left\{\omega\in\{0,1\}^n\,\left|\,\left|\frac{\xi_1(\omega)+\cdots+\xi_n(\omega)}{n}-\frac{1}{2}\right|\geq\varepsilon\right.\right\}\right)\leq\frac{1}{4n\varepsilon^2}.$$

とくに $\varepsilon=1/2000$, $n=10^8$ とすれば

$$P_{10^8}\left(\left\{\omega\in\{0,1\}^{10^8}\,\left|\,\left|\frac{\xi_1(\omega)+\cdots+\xi_{10^8}(\omega)}{10^8}-\frac{1}{2}\right|\geq\frac{1}{2000}\right.\right\}\right)\leq\frac{1}{100}.$$

より高度なド・モアブル‐ラプラスの定理 (定理 3.26, 中心極限定理 (定理 3.39) の特別な場合) によれば，この確率は非常に精密に評価できて (例 3.38)[注13]

$$P_{10^8}\left(\left\{\omega\in\{0,1\}^{10^8}\,\left|\,\left|\frac{\xi_1(\omega)+\cdots+\xi_{10^8}(\omega)}{10^8}-\frac{1}{2}\right|\geq\frac{1}{2000}\right.\right\}\right)$$
$$\approx 2\int_{9.9999}^{\infty}\frac{1}{\sqrt{2\pi}}\exp\left(-\frac{x^2}{2}\right)dx=1.52551\times 10^{-23}.$$

両辺を 1 から引くと

$$P_{10^8}\left(\left\{\omega\in\{0,1\}^{10^8}\,\left|\,\left|\frac{\xi_1(\omega)+\cdots+\xi_{10^8}(\omega)}{10^8}-\frac{1}{2}\right|<\frac{1}{2000}\right.\right\}\right)$$
$$\approx 1-1.52551\times 10^{-23}.$$

すなわち，$\{0,1\}^{10^8}$ の元全体の $1-1.52551\times 10^{-23}$ は

$$\left|\frac{\xi_1(\omega)+\cdots+\xi_{10^8}(\omega)}{10^8}-\frac{1}{2}\right|<\frac{1}{2000} \tag{1.14}$$

を満たす ω で占められる．一方，$\{0,1\}^{10^8}$ の元のほとんどは乱数であるから，ほぼすべての乱数は (1.14) という性質を持つし，逆に性質 (1.14) を持つ ω のほとんどは乱数であることが分かる．

たとえば (1.11) の $\omega\in\{0,1\}^{10^8}$ のように，乱数でない ω で性質 (1.14) を持つものも存在する．だから極限定理によって圧倒的多数とされる ω の集合がそのまま乱数の集合というわけではないが，両者の違いはきわめてわずかである (図 1.3)．

ベルヌーイの定理が発表されたのは彼の死後で 1713 年のことである．以来，

[注13] $\exp(x)$ は指数関数 e^x の別表記で，$\exp(-x^2/2)$ は $e^{-x^2/2}$ のこと．また $\displaystyle\int_{9.9999}^{\infty}$ は $\displaystyle\lim_{R\to\infty}\int_{9.9999}^{R}$ の略記で**広義積分**とよばれる．

{0,1}-列全体　　　　　　乱数の集合

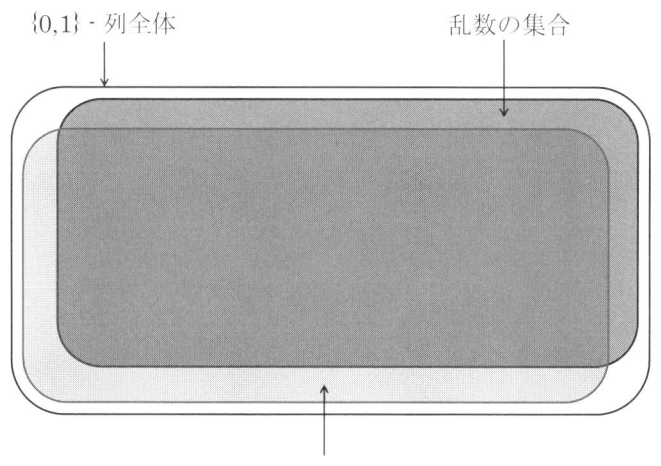

極限定理によって圧倒的多数とされる{0,1}-列の集合

図 1.3　乱数と極限定理 (概念図)

極限定理は確率の計算の中心的テーマであり続けてきた．一方，乱数の概念が見出されたのは 1960 年代である．だから乱数の概念が発見されるはるか以前から，数学者たちは極限定理に注目し，その研究に努めてきたことになる．

1.3.2　数理統計学

大数の法則や中心極限定理を応用すれば，様々な現実の事象の確率を推定することができる．たとえば，画鋲を投げたとき針が上を向く確率を求めるには，画鋲を多数回 (あるいは多数個) 投げて，そのうち針が上を向いた回数 (個数) の相対度数を調べればよい．また，様々な世論調査においても，住民全員の意見を聴取するまでもなく，住民の一部をくじやサイコロで選出し (**無作為なサンプリング，無作為標本調査という**)，彼らの意見の分布から住民全員の意見分布を推定することができる．あるいは硬貨投げにおいて，表の出る確率が 1/2 と考えてよいかどうかを検定したければ，やはり多数回 (あるいは多数個) 投げて表の出た相対度数を計算し，それと 1/2 との差をド・モアブル - ラプラスの定理の主張するところと比較してやればよい．同様の考え方は，新生児の男女

比が 1:1 と判断してよいか，を無作為なサンプリングの結果から検定することに応用できる．

このように，実験，観測，調査を通じて現実のランダムな現象の数学モデルを作り，あるいは検証し，さらにその数学モデルを用いてランダムな現象を予測したりする学問領域を数理統計学という．

1.4 モンテカルロ法

モンテカルロ法とは確率変数のサンプリングをコンピュータを用いて行うことによって問題を数値的に解く手法をいう．

確率変数 $S : \Omega \to \mathbb{R}$ のサンプリングは比較的小さな Ω の場合は容易である．$\#\Omega = 10^8$ くらいでも $\omega \in \Omega$ を一つ選出するのに (10進法表記で) 高々 9 桁の自然数を一つ指定すればよい．しかし，$\Omega = \{0,1\}^{10^8}$ ともなれば，サンプリングのためにコンピュータが必須になる．たとえば次の例題を考えてみよう．

例題 I 硬貨投げを 100 回行うとき表が続けて 6 回以上出る確率 p を求めよ．

数理統計学の推定の考えを適用する．「硬貨投げを 100 回行う」という試行を 10^6 回行って，そのうち表が続けて 6 回以上出た回数を S とする．このとき，大数の法則によれば高い確率で比 $S/10^6$ は p のよい近似値となる．硬貨投げは全部で $100 \times 10^6 = 10^8$ 回行うことになるが，もちろん硬貨を実際にこれだけの回数投げることは非現実的である．これを仮想的にコンピュータにやらせたい．

問題を整理しよう．S は確率空間 $(\{0,1\}^{10^8}, \mathfrak{P}(\{0,1\}^{10^8}), P_{10^8})$ 上で定義された確率変数 $S : \{0,1\}^{10^8} \to \mathbb{R}$ として定式化される．この場合，チェビシェフの不等式は

$$P_{10^8}\left(\left|\frac{S(\omega)}{10^6} - p\right| \geqq \frac{1}{200}\right) \leqq \frac{1}{100}$$

となる (例 4.2)．両辺を 1 から引けば

$$P_{10^8}\left(\left|\frac{S(\omega)}{10^6} - p\right| < \frac{1}{200}\right) \geqq \frac{99}{100}. \tag{1.15}$$

だからアリスは $\{0,1\}^{10^8}$ から一つの ω を選んで $S(\omega)/10^6$ の値をコンピュータに計算させれば，確率 99% 以上で誤差 1/200 未満の p の近似値を得ることができるはずである．

ところが不等式 (1.15) に実際的な意味を持たせるためには，アリスは $\{0,1\}^{10^8}$ の各元 ω を同様に確からしく選ばなければならない．それには ω を主として圧倒的多数を占める乱数から選ぶべきであろう[注14]．だが § 1.2 で見たように乱数を選ぶことはコンピュータを用いても不可能である．

実際に行われているモンテカルロ法の多くは，乱数の代わりにコンピュータによって生成される疑似乱数が用いられている．疑似乱数を生成するために用いられるプログラム，数学的には関数

$$g: \{0,1\}^l \to \{0,1\}^n, \quad l < n$$

を**疑似乱数生成器**という．実用を考える状況では，l はアリスが $\omega' \in \{0,1\}^l$ を P_l に従って同様に確からしく選ぶことができるくらい十分小さく，逆に n は $\omega \in \{0,1\}^n$ を P_n に従って同様に確からしく選べないほど大きい．すなわち $l \ll n$．コンピュータはアリスが選んだ $\omega' \in \{0,1\}^l$ を入力としてそれよりずっと長い $g(\omega') \in \{0,1\}^n$ を生成する．$g(\omega')$ を**疑似乱数**，ω' をその**種**とよぶ．どの ω' を選んでも $g(\omega')$ は乱数ではない．それでも乱数の代わりに用いられて役立つことがある．

実際，例題 I の場合には，うまく疑似乱数生成器 $g: \{0,1\}^{238} \to \{0,1\}^{10^8}$ を定義して (1.15) と同様の不等式

$$P_{238}\left(\left|\frac{S(g(\omega'))}{10^6} - p\right| < \frac{1}{200}\right) \geq \frac{99}{100}$$

が成り立つようにできる (図 1.4, **ランダム - ワイル - サンプリング** (例 4.9))．$\omega' \in \{0,1\}^{238}$ ならアリスは自分の意思でどれでも選ぶことができる．また実際に硬貨を 238 回投げて，その結果として ω' を得れば，人の意思によらない無作為なサンプリングも可能である．だから例題 I の場合は長大な乱数は必要なく，g の生成する疑似乱数によって高い確率で p の値の精度のよい推定ができる．

[注14] これがモンテカルロ法に乱数が必要だといわれる理由である．

{0,1}$^{10^8}$　乱数の集合　種の集合 {0,1}^{238}　ω'

$g(\omega')$

$|S(\omega)/10^6 - p| < 1/200$ を満たす ω の集合

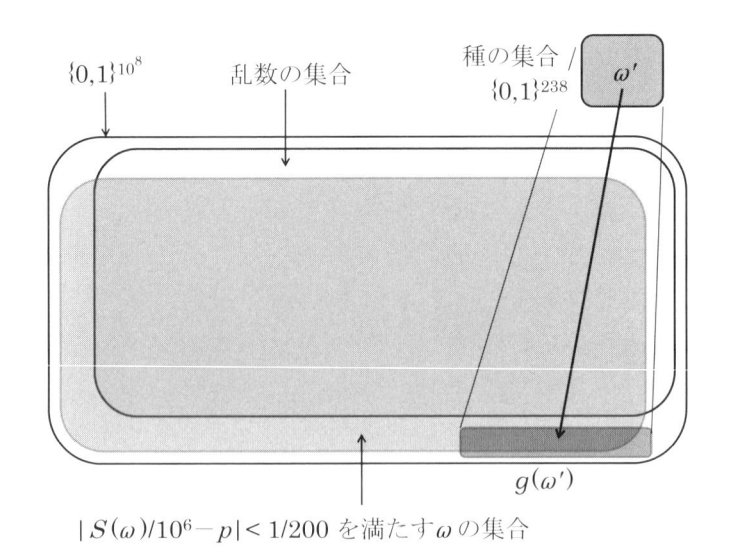

図 1.4　擬似乱数生成器 $g: \{0,1\}^{238} \to \{0,1\}^{10^8}$ の働き (概念図)

例題 I は硬貨投げに関する確率の問題であったが，現実の問題は硬貨投げよりずっと複雑である．しかしじつはどのような問題でも，それを硬貨投げの問題に還元して考えることが可能なので (§ 1.5.2)，擬似乱数を {0,1}-列に限って考えてもかまわない．

1.5　無限回の硬貨投げ

ボレルの硬貨投げのモデル (例 1.2) は，3 回の硬貨投げに限らず，任意回の硬貨投げの数学モデルを提供できる．実際，例 1.2 の関数列 $\{d_i\}_{i=1}^{\infty}$ は無限回の硬貨投げとみなすことができる．もちろん，現実には無限回の硬貨投げなど存在しない．しかし，いくつかの理由で無限回の硬貨投げを考えることには重要な意味がある．

この節の内容は本書の水準をやや超えるが，少し背伸びをしてみよう．

1.5.1 ボレルの正規数定理

現実の計算は有理数だけで十分であるが，微分積分などの極限操作を可能にするために実数を考えることは役に立つ．これと同様に，無限回の硬貨投げを考える第一の理由は，非常に大きな有限回の硬貨投げの極限的挙動を考える上で無限回の硬貨投げを考えることは役に立つからである．実際，投げる回数によって確率空間が異なるのでは極限定理を記述するのにも利用するのにも面倒であり，体裁が悪く，場合によっては都合が悪い．

たとえば関数列 $\{d_i\}_{i=1}^{\infty}$ に対して，次のボレルの**正規数定理**が成り立つ;

$$\mathbb{P}\left(\lim_{n\to\infty}\frac{1}{n}\sum_{i=1}^{n}d_i=\frac{1}{2}\right)=1. \tag{1.16}$$

もちろん，これは関数列 $\{d_i\}_{i=1}^{\infty}$ の持つ一つの性質を述べているのだが，確率論の文脈では「無限回の硬貨投げにおいて表の出る相対度数の極限が 1/2 である確率は 1 である」ことを主張している．ボレルの正規数定理からベルヌーイの定理 (1.13) が証明できることが知られている．ただし，(1.16) の意味を正確に捉えるのは容易ではない．素朴には集合

$$A:=\left\{x\in[0,1)\ \middle|\ \lim_{n\to\infty}\frac{1}{n}\sum_{i=1}^{n}d_i(x)=\frac{1}{2}\right\}\subset[0,1)$$

の "長さ" が 1 に等しいことであるが，A は半開区間といった簡単な集合ではないので，その "長さ" をどうやって定義し，どうやって計算するか，ということが問題になる．その解決のためには測度論が必要となる．

1.5.2 ブラウン運動の構成

無限回の硬貨投げを考える第二の理由は，無限回の硬貨投げから任意の分布を持つ確率変数を構成することができるからである．それどころか，非常に特殊な場合[注15]を除けば，すべての確率論の対象を無限回の硬貨投げに還元させることができる．ここではその例として無限回の硬貨投げからブラウン運動——理論でも応用でも最も重要な確率過程——を構成してみよう．

[注15] 本書の水準をはるかに超えるが，たとえば非可算個の独立確率変数を構成する場合など．

関数 $F : \mathbb{R} \to (0,1) := \{x \mid 0 < x < 1\} \subset \mathbb{R}$ を次のように定義する[注16]．

$$F(t) := \int_{-\infty}^{t} \frac{1}{\sqrt{2\pi}} \exp\left(-\frac{u^2}{2}\right) du, \quad t \in \mathbb{R}.$$

右辺の被積分関数は**標準正規分布** (または**標準ガウス分布**) の密度関数である．$F : \mathbb{R} \to (0,1)$ は連続な単調増加関数なので，その逆関数 $F^{-1} : (0,1) \to \mathbb{R}$ が存在する．このとき

$$X(x) := \begin{cases} F^{-1}(x) & (0 < x < 1), \\ 0 & (x = 0) \end{cases}$$

とおけば次が成り立つ．

$$\mathbb{P}(X < t) := \mathbb{P}(\{x \in [0,1) \mid X(x) < t\})$$
$$= \mathbb{P}(\{x \in [0,1) \mid x < F(t)\})$$
$$= \mathbb{P}([0, F(t))) = F(t), \quad t \in \mathbb{R}.$$

これを確率論的に解釈すると，$X < t$ となる確率が $F(t)$ に等しい，すなわち「"確率変数" X は標準正規分布に従う」ということになる[注17]．

さて $x = \sum_{i=1}^{\infty} 2^{-i} d_i(x)$ であるから

$$\mathbb{P}\left(\left\{ x \in [0,1) \, \middle| \, \sum_{i=1}^{\infty} 2^{-i} d_i(x) < t \right\}\right) = \mathbb{P}([0,t)) = t, \quad t \in [0,1)$$

は自明である．$\{d_i\}_{i=1}^{\infty}$ の任意の部分列 $\{d_{i_j}\}_{j=1}^{\infty}$，$1 \leqq i_1 < i_2 < \cdots$，も無限回の硬貨投げであるから，じつは次が成り立つ．

$$\mathbb{P}\left(\left\{ x \in [0,1) \, \middle| \, \sum_{j=1}^{\infty} 2^{-j} d_{i_j}(x) < t \right\}\right) = t, \quad t \in [0,1).$$

そうすると，さらに

[注16] $\int_{-\infty}^{t}$ は $\lim_{R \to \infty} \int_{-R}^{t}$ の略記でこれも広義積分とよばれる．注意 3.35 も参照のこと．
[注17] 全事象を $[0,1)$，確率測度を $\mathbb{P}$ として確率空間を作りたいが，$[0,1)$ が無限集合なので本書の水準を超える．そこで正確な定義を与えていないという意味で引用符付きで "確率変数" とした．本節，次ページ以降の "独立" についても同様．

$$\mathbb{P}\left(\left\{x \in [0,1) \;\middle|\; X\left(\sum_{j=1}^{\infty} 2^{-j} d_{i_j}(x)\right) < t\right\}\right) = F(t), \quad t \in \mathbb{R}$$

が成り立つのである．すなわち $X\left(\sum_{j=1}^{\infty} 2^{-j} d_{i_j}\right)$ は標準正規分布に従う．

いよいよここからが本当のアイデアである．

$$X_1 := X\left(2^{-1}d_1 + 2^{-2}d_3 + 2^{-3}d_6 + 2^{-4}d_{10} + 2^{-5}d_{15} + \cdots\right),$$
$$X_2 := X\left(2^{-1}d_2 + 2^{-2}d_5 + 2^{-3}d_9 + 2^{-4}d_{14} + \cdots\right),$$
$$X_3 := X\left(2^{-1}d_4 + 2^{-2}d_8 + 2^{-3}d_{13} + \cdots\right),$$
$$X_4 := X\left(2^{-1}d_7 + 2^{-2}d_{12} + \cdots\right),$$
$$X_5 := X\left(2^{-1}d_{11} + \cdots\right),$$
$$\vdots$$

とすれば，各 X_n は標準正規分布に従う．この構成法では各 d_k が二つ以上の X_n の定義に現れることはない．したがって各 X_n の値は他の $X_{n'}$ ($n' \neq n$) の値にはまったく影響を及ぼさない（$\{X_n\}_{n=1}^{\infty}$ は"独立"である）ことに注意せよ．そして最後に

$$B_t := \frac{t}{\sqrt{\pi}} X_1 + \sqrt{\frac{2}{\pi}} \sum_{n=1}^{\infty} \frac{\sin nt}{n} X_{n+1}, \quad 0 \leqq t \leqq \pi \qquad (1.17)$$

とおけば，$\{B_t\}_{0 \leqq t \leqq \pi}$ が目指していた**ブラウン運動**である（図 1.5，[15] p.93 例 4）．

じつは図 1.5 で示したのはブラウン運動 (1.17) そのもののグラフではなく，正確には以下に述べるような近似[注18]されたブラウン運動 $\{\hat{B}_t\}_{0 \leqq t \leqq \pi}$ のグラフである．まず，$\{X_n\}_{n=1}^{1000}$ を次の $\{\hat{X}_n\}_{n=1}^{1000}$

$$\hat{X}_1 := X\left(2^{-1}d_1 + 2^{-2}d_2 + 2^{-3}d_3 + \cdots + 2^{-31}d_{31}\right),$$
$$\hat{X}_2 := X\left(2^{-1}d_{32} + 2^{-2}d_{33} + 2^{-3}d_{34} + \cdots + 2^{-31}d_{62}\right),$$
$$\hat{X}_3 := X\left(2^{-1}d_{63} + 2^{-2}d_{64} + 2^{-3}d_{65} + \cdots + 2^{-31}d_{93}\right),$$

[注18] 詳しくは，分布の意味の近似．

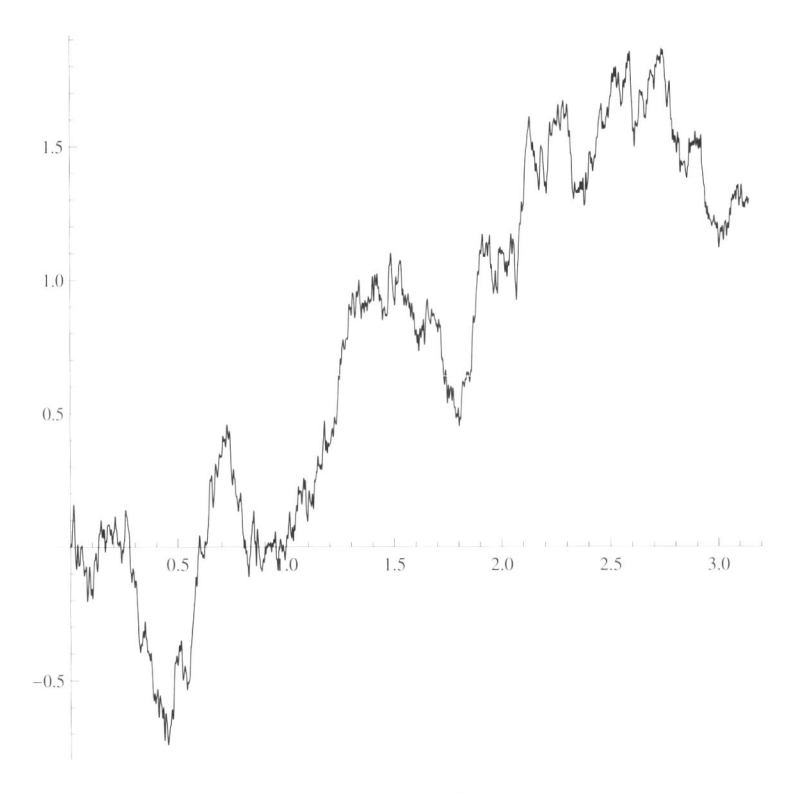

図 1.5 ブラウン運動のグラフ

$$\hat{X}_4 := X\left(2^{-1}d_{94} + 2^{-2}d_{95} + 2^{-3}d_{96} + \cdots + 2^{-31}d_{124}\right),$$

$$\vdots$$

$$\hat{X}_{1000} := X\left(2^{-1}d_{30970} + 2^{-2}d_{30971} + 2^{-3}d_{30972} + \cdots + 2^{-31}d_{31000}\right)$$

で近似し,さらにこれを用いてブラウン運動 B_t を次の $\hat{B}_t$

$$\hat{B}_t := \frac{t}{\sqrt{\pi}}\hat{X}_1 + \sqrt{\frac{2}{\pi}}\sum_{n=1}^{999}\frac{\sin nt}{n}\hat{X}_{n+1}, \quad 0 \leqq t \leqq \pi$$

で近似する.図 1.5 のグラフは上式をもとに総計 31000 回の硬貨投げ $\{d_i\}_{i=1}^{31000}$

のサンプル値[注19]から $\{\hat{B}_t\}_{0 \leq t \leq \pi}$ のサンプル値を計算したものである．このように，有限回の硬貨投げによってブラウン運動を任意の精度で近似することができる．

我々はブラウン運動が無限回の硬貨投げ $\{d_i\}_{i=1}^{\infty}$ から構成することができることを見た．しかし驚くのはまだ早い．さらに，同じ方法で X_1 を構成する無限回の硬貨投げ $d_1, d_3, d_6, d_{10}, d_{15}, \cdots$ から一つのブラウン運動が構成できるし，同様に X_2 を構成する無限回の硬貨投げ $d_2, d_5, d_9, d_{14}, \cdots$ からそれとは"独立"なブラウン運動が構成できる．これを続ければ無限個の"独立"なブラウン運動が $\{d_i\}_{i=1}^{\infty}$ から構成できることが分かる…．

[注19] 31000 回の硬貨投げのサンプル値は [10] § 4.2 の疑似乱数生成器を用いて選出した．

第2章

乱数

「ランダムである」とはどういうことか．古今東西の学者を悩ませてきたこの問いには様々な考えが示されてきた．たとえばラプラスがその著書 [23] の中で決定論的な観点から見解を述べているのは注意 1.10 で述べたとおりである．コルモゴロフによる確率論の公理化 [8] においては，確率変数は関数 $X : \Omega \to \mathbb{R}$ として定式化され，個々のサンプル値 $X(\omega)$ やその選出方法は不問に付されることになった．お陰で数学者はこの問いに直接向き合う必要がなくなった．

ところが 1950 年代に入ってコンピュータによる確率変数のサンプリングが盛んに行われるようになるに及んで状況が変わった．いわゆるモンテカルロ法の普及である．それまでも確率変数のサンプリングは数理統計学において行われていたが，それには事前にサイコロなどを用いて実際にランダムな数列を記録した"乱数表"が用いられていた．しかし，コンピュータによる大規模なサンプリングのためにはそれまでの乱数表が用を足さなくなったのである．そこでサイコロなどではなく，コンピュータによって巨大な乱数表を作成する方法が検討されることになった．そこであらためて「ランダムである」とはどういうことかについて考える必要が生じた．

「ランダムである」ことを定義するためには，Ω から ω を選出する手順を数学的に定式化する必要がある．そのためには"手順"そのものを数学的対象として扱う分野，いわゆる**計算論** (または計算理論)，の成熟が不可欠であった．そして 1960 年代に，ついに「ランダムである」ことの定義がコルモゴロフ，チャイティン，ソロモノフによってそれぞれ独立に宣言される．

この章では計算論を扱うが，これを最初から厳密に展開するには相当な準備が必要であり，本書の水準を超えてしまう．それで定理の証明の詳細などは省

き，その代わり，日常，読者が使用しているであろうコンピュータの仕組みと定理の内容とをしばしば対比させて説明する．だからこの章は読者もあまり厳密性にこだわらず読み進めて欲しい．

2.1 帰納的関数

コンピュータで扱われる情報の種類は多彩である．入力としては，キーボード，マウス，スキャナー，ビデオカメラなどからの情報，出力としては文書，画像，音声，動画，電子機器の制御情報⋯．しかしそれらはすべて有限の長さの$\{0,1\}$-列に変換されて記憶領域やディスクに記録され (図 2.1)，複写され，あるいは配信される．

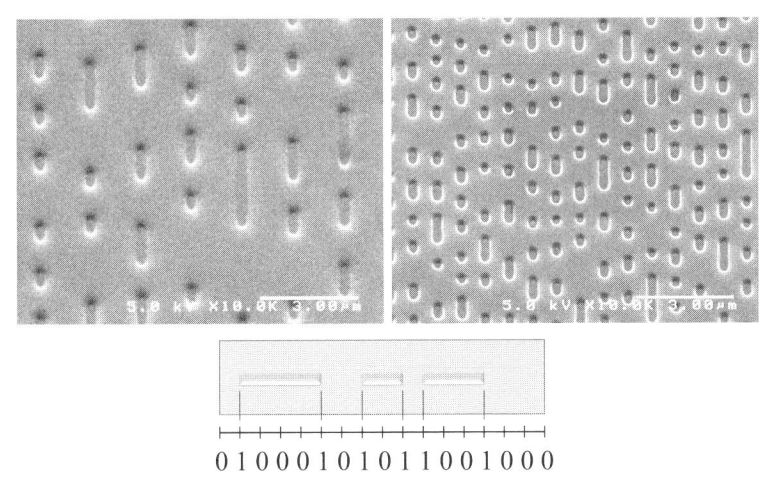

平らな部分 (ランド) とくぼんだ部分 (ピット) の境界部分で 1 をそれ以外で 0 を記録する．

図 **2.1** CD-ROM(左) と DVD-ROM(右) の走査型電子顕微鏡像 [注1]

有限の長さの $\{0,1\}$-列は 2 進法表記を通じて自然数と対応させることができるから (定義 2.10)，コンピュータで扱われる情報は入力も出力もすべて自然数と考えることができる．すなわちコンピュータのあらゆる動作は数学的には関

[注1] 出典：(独立行政法人) 科学技術振興機構【理科ねっとわーく (JST)】

数 $f: \mathbb{N} \to \mathbb{N}$ として [注2] 捉えることができるわけである.「コンピュータは自然数の計算しかできないのか」と驚くかもしれないが,突き詰めるとそういうことになる.このような考え方は一見役立ちそうにないが,数学においては徹底した単純化が理論の大きな進展に繋がることがしばしばある.

では逆に,任意の関数 $f: \mathbb{N} \to \mathbb{N}$ はコンピュータによって計算可能であろうか.答えは"否"である.コンピュータとて能力に限りがある.この節では計算可能な関数として提唱された帰納的関数とよばれる一群の関数とその基本的性質を紹介する.

2.1.1　計算可能な関数

コンピュータの動作はプログラム (ソフトウェア) で記述される.そしてすべての入出力情報と同様にプログラムもまた有限の長さの $\{0,1\}$-列,したがって自然数と考えることができる.それゆえ計算可能な関数の各々に番号を付けてその全体の集合を $\mathbb{N}$ と一対一に対応させることができる.一般に,集合の各元に番号を付けてその集合を $\mathbb{N}$ と一対一に対応させることができるとき,その集合は**可算集合**とよばれる.可算集合でない無限集合は**非可算集合**とよばれる.

命題 2.1　$\mathbb{N}$ から $\{0,1\}$ への関数全体の集合 $\{f \mid f: \mathbb{N} \to \{0,1\}\}$ は非可算集合である.

証明. 背理法で示す.$\{f \mid f: \mathbb{N} \to \{0,1\}\} = \{f_0, f_1, \cdots\}$ と番号付けることができるとする.このとき,関数 $g: \mathbb{N} \to \{0,1\}$ を

$$g(n) := 1 - f_n(n), \quad n \in \mathbb{N}$$

と定義すれば,すべての $n \in \mathbb{N}$ に対して $g(n) \neq f_n(n)$ だから g はどの f_n とも異なっている.

[注2] $\mathbb{N} := \{0, 1, 2, \cdots\}$ は 0 とすべての自然数からなる集合.

$$
\begin{array}{ccccc}
f_0(0) & f_0(1) & f_0(2) & f_0(3) & f_0(4) \\
f_1(0) & f_1(1) & f_1(2) & f_1(3) & f_1(4) \\
f_2(0) & f_2(1) & f_2(2) & f_2(3) & f_2(4) \\
f_3(0) & f_3(1) & f_3(2) & f_3(3) & f_3(4) \\
f_4(0) & f_4(1) & f_4(2) & f_4(3) & f_4(4)
\end{array}
$$

これは矛盾である．だから $\{f \mid f : \mathbb{N} \to \{0,1\}\} = \{f_0, f_1, \cdots\}$ と番号付けることはできない． □

上のような証明方法を**対角線論法**という．ちなみに最も身近な非可算集合は実数全体の集合 $\mathbb{R}$ であろう．$\mathbb{R}$ が非可算集合であることについては，たとえば [4] p.90 にやはり対角線論法を用いた証明を見ることができる．

$f : \mathbb{N} \to \mathbb{N}$ なる関数全体の集合は非可算集合 $\{f \mid f : \mathbb{N} \to \{0,1\}\}$ を含むから非可算集合である．計算可能な関数の全体はその可算部分集合である．そして計算不可能な関数の全体は非可算集合である．なぜなら，もし計算不可能な関数の全体が $\{g_0, g_1, g_2, \cdots\}$ のように番号付けられるとすると，計算可能な関数の全体が $\{\varphi_0, \varphi_1, \varphi_2, \cdots\}$ と番号付けられるので，

$$\{g_0, \varphi_0, g_1, \varphi_1, g_2, \varphi_2, \cdots\}$$

は $f : \mathbb{N} \to \mathbb{N}$ なる関数全体の集合の番号付けになってしまうから．

なお，計算不可能な関数の重要な例として後述のコルモゴロフ複雑度がある (定理 2.18)．

2.1.2　原始帰納的関数と部分帰納的関数

計算可能な関数の定義については紆余曲折があったが，1930 年代には帰納的関数 (詳しくは原始帰納的関数，部分帰納的関数，全域帰納的関数) とよばれる

一群の関数のことである，という共通認識に至っている．これはコンピュータの数学モデルであるチューリング機械[注3]によって計算できる関数の全体と一致する．帰納的関数によって現代のコンピュータのすべての動作が表現できる．複雑で多様なコンピュータの働きが，結局，わずかな基本的操作の組合せに過ぎないことはとても驚くべきことである．

この節では原始帰納的関数，部分帰納的関数，および全域帰納的関数の定義を紹介するが，本書ではそれを用いて厳密な理論を展開することはない．

まず，原始帰納的関数の定義から始める．

定義 2.2 (原始帰納的関数, [3, 11])
(i) (基本関数)

$$\text{zero} : \mathbb{N}^0 \to \mathbb{N}, \ \text{zero}( ) := 0,$$
$$\text{suc} : \mathbb{N} \to \mathbb{N}, \ \text{suc}(x) := x + 1,$$
$$\text{proj}_i^n : \mathbb{N}^n \to \mathbb{N}, \ \text{proj}_i^n(x_1, \cdots, x_n) := x_i, \quad i = 1, \cdots, n$$

を基本関数という[注4]．

(ii) (合成) $g : \mathbb{N}^m \to \mathbb{N}$, $g_j : \mathbb{N}^n \to \mathbb{N}$, $j = 1, \cdots, m$, に対して

$$f : \mathbb{N}^n \to \mathbb{N}, \quad f(x_1, \cdots, x_n) := g(g_1(x_1, \cdots, x_n), \cdots, g_m(x_1, \cdots, x_n))$$

によって関数 f を定める手続きを合成という．

(iii) (帰納法) $g : \mathbb{N}^n \to \mathbb{N}$, $\varphi : \mathbb{N}^{n+2} \to \mathbb{N}$ に対して $f : \mathbb{N}^{n+1} \to \mathbb{N}$,

$$\begin{cases} f(x_1, \cdots, x_n, 0) := g(x_1, \cdots, x_n), \\ f(x_1, \cdots, x_n, y+1) := \varphi(x_1, \cdots, x_n, y, f(x_1, \cdots, x_n, y)) \end{cases}$$

によって関数 f を定める手続きを帰納法という．

(iv) 基本関数，および基本関数から合成と帰納法を有限回適用して得られる関数 ($\mathbb{N}^n \to \mathbb{N}$)，それらだけを**原始帰納的関数**とよぶ．

[注3] 無限の記憶領域を持つコンピュータと思えばよい．詳しくは [3, 11] などを参照せよ．
[注4] zero( ) は引数を必要としない定数関数で 0 を返す．形式上 $\mathbb{N}^0$ という記号を用いたがあまり気にしなくてよい．suc は successor，proj は座標関数で projection の略．

例 2.3 二つ数の和を求める関数 $\mathrm{add}(x,y) = x+y$ は原始帰納的関数である．実際，

$$\begin{cases} \mathrm{add}(x,0) := \mathrm{proj}_1^1(x) = x, \\ \mathrm{add}(x,y+1) := \mathrm{proj}_3^3(x,y,\mathrm{suc}(\mathrm{add}(x,y))). \end{cases}$$

二つ数の積を求める関数 $\mathrm{mult}(x,y) = xy$ も原始帰納的関数である．実際，

$$\begin{cases} \mathrm{mult}(x,0) := \mathrm{proj}_2^2(x,\mathrm{zero}(\ )) = 0, \\ \mathrm{mult}(x,y+1) := \mathrm{add}(\mathrm{proj}_1^2(x,y),\mathrm{mult}(x,y)). \end{cases}$$

また，原始帰納的関数 $\mathrm{pred}(x) = \max\{x-1,0\}$[注5]；

$$\begin{cases} \mathrm{pred}(0) := \mathrm{zero}(\ ) = 0, \\ \mathrm{pred}(y+1) := \mathrm{proj}_1^2(y,\mathrm{pred}(y)) \end{cases}$$

を用いて，差を与える関数 $\mathrm{sub}(x,y) = \max\{x-y,0\}$ を

$$\begin{cases} \mathrm{sub}(x,0) := \mathrm{proj}_1^1(x) = x, \\ \mathrm{sub}(x,y+1) := \mathrm{pred}(\mathrm{proj}_3^3(x,y,\mathrm{sub}(x,y))) \end{cases}$$

と定義すれば，これも原始帰納的関数である．

次に部分帰納的関数という概念を導入する．まず，部分関数とは $\mathbb{N}^n$ のある部分集合で定義されて $\mathbb{N}$ に値をとる関数のことをいう．部分関数は詳しく定義域を明示せず，単に $g: \mathbb{N}^n \to \mathbb{N}$ のように書く[注6]．$\mathbb{N}^n$ 全体で定義されている場合は全域関数という．なお，いつものように $\mathbb{N}^n$ 自身も $\mathbb{N}^n$ の部分集合と考えるので全域関数は部分関数である．

定義 2.4 (部分帰納的関数, [3, 11])

（ⅰ）(μ-作用素) $p: \mathbb{N}^{n+1} \to \mathbb{N}$ が部分関数のとき，$\mu_y(p(\bullet,\cdots,\bullet,y)): \mathbb{N}^n \to$

[注5] pred は predecessor の略．$\max\{a,b\}$ は a と b の大きい方 (正確には小さくない方) を表す．

[注6] 第 2 章だけの記法．他の章では $f: E \to F$ と書けば関数 f は E 全体で定義されている．

$\mathbb{N}$ を

$$\mu_y(p(x_1,\cdots,x_n,y)) := \begin{cases} \min A_p(x_1,\cdots,x_n) & (A_p(x_1,\cdots,x_n) \neq \emptyset), \\ \text{定義しない} & (A_p(x_1,\cdots,x_n) = \emptyset) \end{cases}$$

とする.ただし,$\min A_p(x_1,\cdots,x_n)$ は次の集合の最小値である;

$$A_p(x_1,\cdots,x_n) := \left\{ y \in \mathbb{N} \;\middle|\; \begin{array}{l} p(x_1,\cdots,x_n,y) = 0 \text{ かつ } 0 \leq z \leq y \text{ である } z \\ \text{に対して } p(x_1,\cdots,x_n,z) \text{ が定義されている} \end{array} \right\}.$$

(ii) 基本関数,および基本関数から,合成,帰納法,μ-作用素を有限回適用して得られる部分関数 ($\mathbb{N}^m \to \mathbb{N}$),それらだけを**部分帰納的関数**とよぶ.

μ-作用素 $\mu_y(p(x_1,\cdots,x_n,y))$ をコンピュータで実現するときは,ループ (反復,繰り返し) とよばれる次のような手続きが使われる.

⎛─── $\mu_y(p(x_1,\cdots,x_n,y))$ ───
│ (1) $y = 0$ とする.
│ (2) もし $p(x_1,\cdots,x_n,y) = 0$ ならば y を出力し停止する.
│ (3) $y+1$ を新たに y として (2) に戻る.
⎝

ループは $A_p(x_1,\cdots,x_n) = \emptyset$ のときは停止しない.これを**無限ループ**とよぶ.

原始帰納的関数は部分帰納的関数である.μ-作用素を用いない (したがって原始帰納的関数である) か,μ-作用素を使っていても $A_p(x_1,\cdots,x_n) \neq \emptyset$ のときに限って μ-作用素 $\mu_y(p(x_1,\cdots,x_n,y))$ が用いられているとき,部分帰納的関数は全域で定義される.これを**全域帰納的関数**という.

例 2.5 次の部分帰納的関数

$$f(x) := \mu_y(\text{add}(\text{sub}(\text{mult}(y,y),x),\text{sub}(x,\text{mult}(y,y))))$$

は $x \in \mathbb{N}$ が平方数のとき,その正の平方根を返す.もし x が平方数でないときは定義されない.

2.1.3 クリーネの標準形 [(*)注7]

少し寄り道をしよう.コンピュータのすべての動作は部分帰納的関数 $f : \mathbb{N} \to \mathbb{N}$ で表される.だから部分帰納的関数はとても多様で,一見,一般形など望めないように思われるが,驚くべきことに次のような定理がある.

定理 2.6 (クリーネの標準形) 任意の部分帰納的関数 $f : \mathbb{N}^n \to \mathbb{N}$ に対して,ある二つの原始帰納的関数 $g, p : \mathbb{N}^{n+1} \to \mathbb{N}$ が存在して

$$f(x_1, \cdots, x_n) = g(x_1, \cdots, x_n, \mu_y(p(x_1, \cdots, x_n, y))), \quad (x_1, \cdots, x_n) \in \mathbb{N}^n \tag{2.1}$$

が成り立つ.

定理 2.6 の詳しい証明は [11] などを参照されたい.ここでは証明のアイデアを一つの例によって説明するに留める.アイデアの核心は f を実現するプログラムがループ (部分帰納的関数でいえば μ-作用素) を複数持っていたとしても,それをただ一つのループでまとめてしまう方法を見つけることである.

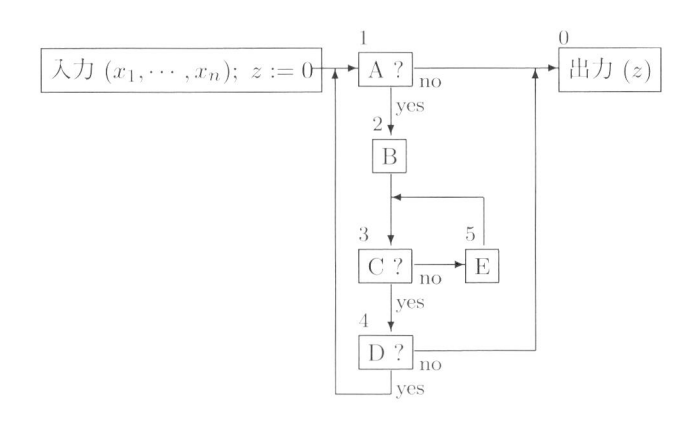

図 2.2 流れ図 I [注8]

[注7] $(*)$ の付いた節は飛ばして読んでよい.
[注8] 流れ図 I, II は教科書 [11] p.12 図 3, p.13 図 4 をそれぞれ改変したものである.

図 2.2 (流れ図 I) は f を計算するプログラムの流れ図であるとしよう． A ? C ? D ? は分岐の条件を表し， B E はループを含まない計算処理 (数学的には原始帰納的関数の計算) で出力用変数 z の値を設定しているとする．このプログラムは，主ループ A ?→ B → C ?→ D ? → A ? のほかに入れ子になったループ C ?→ E → C ? があり，また D ? から主ループを抜け出る道もある．

このように複数のループの存在するプログラムでも，新たな変数 u を導入することによって，一つのループにまとめることができる．その準備のために，各処理 A ? C ? D ? B E と出力部分に u が参照する番号 $0, 1, \cdots, 5$ を対応させておく．それを流れ図 I の各処理を表す箱の左上に記した．

図 2.3 (流れ図 II) が u を用いてループを一つにまとめたものである．流れ図 II が計算する関数は流れ図 I が計算する関数 f と同じであることを確認せよ．

次に，関数 f が (2.1) という式で表わされることを示そう．流れ図 II において太い線で囲った部分の計算処理をまとめて Q とよぶことにする．入力 $(x_1, \cdots, x_n)$ の下で y 回だけ Q が実行されたときの出力用変数 z の値を $g(x_1, \cdots, x_n, y)$ と定義する．また，入力 $(x_1, \cdots, x_n)$ の下で y 回だけ Q が実行されたときの u の値を $p(x_1, \cdots, x_n, y)$ と定義する．このとき (2.1) が成り立つことが分かる．

クリーネの標準形はコンピュータの設計に取り入れられている．実際，コンパイラとよばれるソフトウェアは，人にとって分かりやすい流れ図 I をコンピュータにとって処理しやすい流れ図 II に変形する．上の説明で新たに導入した変数 u は中央演算処理装置 (CPU) のプログラムカウンタとよばれるものに対応し，コンピュータが記憶領域に格納されたプログラムのどのアドレス (流れ図 I の各処理を表す箱の左上に記した番号に相当) を実行中かを指し示すのに使われる．

2.1.4 枚挙定理

n 変数の部分帰納的関数 $f: \mathbb{N}^n \to \mathbb{N}$ の全体は可算集合である．そして，それらは次の定理が示すように，実際に数え上げることができる．

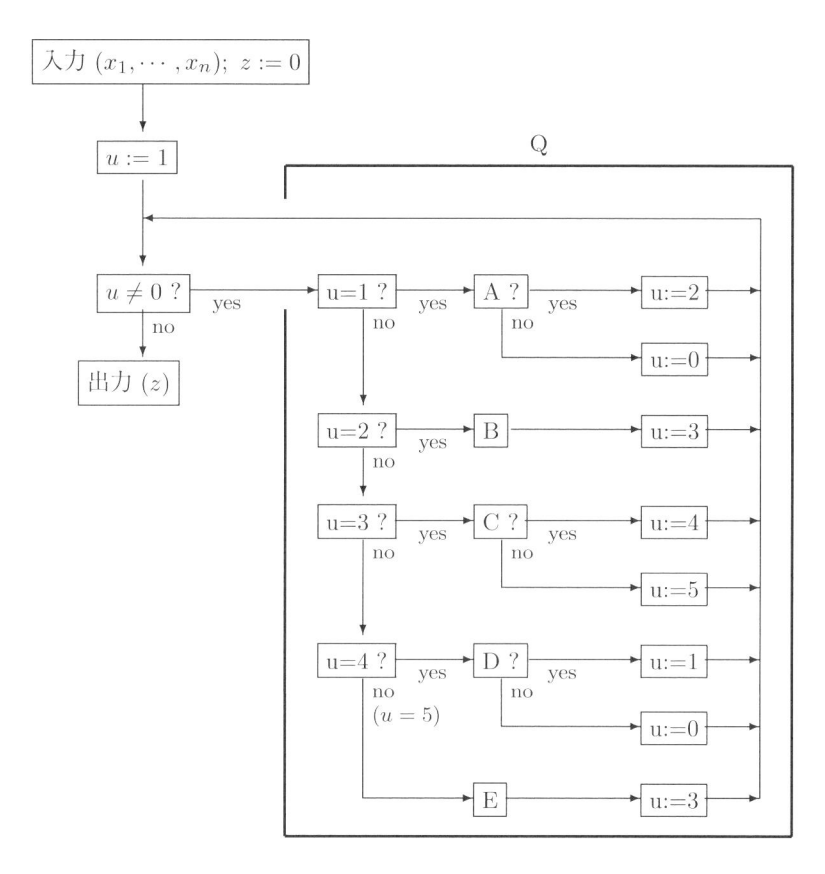

図 **2.3** 流れ図 II

定理 2.7（枚挙定理）　ある部分帰納的関数 $\mathrm{univ}_n : \mathbb{N} \times \mathbb{N}^n \to \mathbb{N}$ が存在して，任意の部分帰納的関数 $f : \mathbb{N}^n \to \mathbb{N}$ に対して次を満たすような $e_f \in \mathbb{N}$ が存在する；

$$\mathrm{univ}_n(e_f, x_1, \cdots, x_n) = f(x_1, \cdots, x_n), \qquad (x_1, \cdots, x_n) \in \mathbb{N}^n.$$

定理 2.7 における univ_n は**枚挙関数** (または**万能関数**)，e_f は f の**ゲーデル数** (または**インデックス**) とよばれる．この定理の詳しい証明は計算論に関する教科書 (たとえば [3, 11]) に譲って，ここでは証明のアイデアを述べる．ま

ず，与えられた部分帰納的関数 f の計算手続きを表す文字列 (プログラム) を $\{0,1\}$-列として表し，さらにそれを自然数とみなす (定義 2.10)．ゲーデル数 e_f はそのような自然数なのである．枚挙関数 $\mathrm{univ}_n(e, x_1, \cdots, x_n)$ は，まず e が n 変数の部分帰納的関数のゲーデル数かどうかを判定し，もしそうであるなら，その e の表す部分帰納的関数を復元して，それに $x_1, \cdots, x_n$ を代入してその答えを返すような関数である．

パーソナルコンピュータ (PC) は (記憶容量が有限であるものの) 枚挙関数の実現と思うことができる．一方，部分帰納的関数といえばあらかじめ決まった動作をするコンピュータ，たとえば電卓のようなものを念頭におくことが多い．PC は電卓のプログラム ($=$ ゲーデル数) をインストールし起動すれば電卓に早変わりする．それが "万能" の意味である．様々な仕様の PC が存在するように，枚挙関数も複数存在する．同じ関数を計算するプログラムが複数存在するように，与えられた部分帰納的関数に対して複数のゲーデル数が存在する．

枚挙定理の成立には "部分関数" という概念が本質的である．

定理 2.8 枚挙関数 univ_n の拡張となっている全域帰納的関数は存在しない．

証明． 背理法による[注9]．univ_n の拡張となっている全域帰納的関数が存在すると仮定し，それを g とする．すなわち g は univ_n の定義域では univ_n と一致するような全域帰納的関数とする．このとき

$$\varphi(z, x_2, \cdots, x_n) := g(z, z, x_2, \cdots, x_n) + 1 \tag{2.2}$$

と定義すれば，φ は n 変数の全域帰納的関数である．したがって φ のゲーデル数 e_φ を用いて

$$\varphi(z, x_2, \cdots, x_n) = \mathrm{univ}_n(e_\varphi, z, x_2, \cdots, x_n)$$

[注9] この定理や後述の定理 2.18 のような計算論に見られる不可能性の証明は対象自身に言及する命題から矛盾を導くある種の対角線論法がよく使われる．以下の証明では，(2.2) で定義された関数 φ の第一変数に φ 自身のゲーデル数 e_φ を代入するところが自己言及的である．

と書ける．φ が全域関数なので，上式右辺もすべての $(z, x_2, \cdots, x_n) \in \mathbb{N}^n$ に対して定義されている．g は univ_n の拡張であるから

$$\varphi(z, x_2, \cdots, x_n) = g(e_\varphi, z, x_2, \cdots, x_n).$$

この等式に $z = e_\varphi$ を代入すれば

$$\varphi(e_\varphi, x_2, \cdots, x_n) = g(e_\varphi, e_\varphi, x_2, \cdots, x_n).$$

しかし φ の定義 (2.2) によれば

$$\varphi(e_\varphi, x_2, \cdots, x_n) = g(e_\varphi, e_\varphi, x_2, \cdots, x_n) + 1,$$

これは矛盾である． □

定理 2.8 の重要な応用を紹介しよう．関数 $\text{halt}_n : \mathbb{N} \times \mathbb{N}^n \to \{0, 1\}$ を

$$\text{halt}_n(z, x_1, \cdots, x_n) := \begin{cases} 1 & (\text{univ}_n(z, x_1, \cdots, x_n) \text{ が定義されている}), \\ 0 & (\text{univ}_n(z, x_1, \cdots, x_n) \text{ が定義されていない}) \end{cases}$$

と定義する．halt_n は全域で定義された関数である．これは z がゲーデル数の場合に，z に対応する部分帰納的関数が入力 $x_1, \cdots, x_n$ に対して定義されているかどうかを判定する関数である．実際のコンピュータでいうと，定義されていないということは無限ループに陥ることを意味するので，このような問い掛けをプログラムの**停止問題**という．これに関して次の重要な定理がある．

定理 2.9 halt_n は全域帰納的関数ではない．

証明． 次の関数 $g : \mathbb{N} \times \mathbb{N}^n \to \mathbb{N}$ を考える．

$$g(z, x_1, \cdots, x_n) := \begin{cases} \text{univ}_n(z, x_1, \cdots, x_n) & (\text{halt}_n(z, x_1, \cdots, x_n) = 1), \\ 0 & (\text{halt}_n(z, x_1, \cdots, x_n) = 0). \end{cases}$$

もし halt_n が全域帰納的関数であれば，g も全域帰納的関数である．しかし g は枚挙関数 univ_n を拡張した全域関数なので定理 2.8 よりそれは不可能である． □

定理 2.9 は，halt_n を計算するプログラムは存在しない，すなわち，任意にプログラムとその入力が与えられたとき，それが停止するか，または無限ループ

に陥ってしまうか，を判定するプログラムは存在しない，ということを意味する．卑近な言葉でいえば，任意に与えられたプログラムの不具合を検出するプログラムは存在しない，ということである．

停止問題については数論の知識があると納得しやすい．いま，x 以上の偶数で二つの素数の和にならないものを探索するプログラム $f(x)$ を考える．たとえば $f(4)$ はそのような 4 以上の偶数が見つかったらそれを出力して停止し，見つからなければ停止しない (定義されない)．もし $halt_1$ が全域帰納的関数だったならば，$halt_1(e_f, 4)$ を計算することによって $f(4)$ が停止するかどうかを判定できる．これは未解決のゴールドバッハの予想[注10]を解くことを意味する．こんなふうに $halt_1$ は数論の未解決問題をいくらでも解くことができるだろう．それはとても考えられないではないか．

2.2　コルモゴロフ複雑度と乱数

§1.2 では，長い $\{0,1\}$-列 ω を選出する最短のプログラム q_ω に注目し，その長さが ω 自身の長さにほぼ等しいものを乱数とよぶ，と述べた．この節では，このことを帰納的関数の言葉を用いて正確に述べる．

2.2.1　コルモゴロフ複雑度

有限の長さの $\{0,1\}$-列と自然数は 2 進法表記を通じて同一視することができる．はじめに，このことを正確に定義しておこう．

定義 2.10 $\{0,1\}^*$ を有限の長さの $\{0,1\}$-列全体の集合とする．$\{0,1\}^*$ の元を語という．とくに長さ 0 の $\{0,1\}$-列も仮想的に考えてこれを**空語**とよぶ．$\{0,1\}^*$ では標準的順序を考える；$x, y \in \{0,1\}^*$ において，x の方が y より長い $\{0,1\}$-列のとき $x > y$ とし，同じ長さのときは 2 進法で表された整数と考えてその大きさで順序を決める．以下では，この順序によって $\{0,1\}^*$ を $\mathbb{N}$ としばしば同一視する．すなわち，空語 $= 0$, $(0) = 1$, $(1) = 2$, $(0,0) = 3$, $(0,1) = 4$, $(1,0) = 5$, $(1,1) = 6$, $(0,0,0) = 7$, $\cdots$.

[注10] 4 以上の偶数は二つの素数の和で表すことができる，という予想．

定義 2.11 $q \in \{0,1\}^*$ に対して,$L(q) \in \mathbb{N}$ を $q \in \{0,1\}^n$ となる n (q の長さ) と定義する.$q \in \mathbb{N}$ に対しては $L(q) \in \mathbb{N}$ を定義 2.10 によって q に対応する $\{0,1\}$-列の長さとする.たとえば $L(5) = L((1,0)) = 2$.一般に,$L(q)$ は $\log_2(q+1)$ の整数部分 $\lfloor \log_2(q+1) \rfloor$ に等しい.とくに

$$L(q) \leqq \log_2 q + 1, \quad q \in \mathbb{N}_+. \tag{2.3}$$

次に,与えられた多変数関数と同等な 1 変数関数を作るために便利な関数を導入しよう.まず $x_i \in \{0,1\}^{m_i}$, $i = 1,2$, が

$$x_1 = (x_{11}, x_{12}, \cdots, x_{1m_1}), \quad x_2 = (x_{21}, x_{22}, \cdots, x_{2m_2})$$

であるとき

$$\langle x_1, x_2 \rangle := (x_{11}, x_{11}, x_{12}, x_{12}, \cdots, x_{1m_1}, x_{1m_1}, 0, 1, x_{21}, x_{22}, \cdots, x_{2m_2}) \tag{2.4}$$

と定義する.$\langle x_1, x_2 \rangle$ から x_1, x_2 を復元するアルゴリズム (原始帰納的関数) が存在することに注意する.以下,帰納的に

$$\langle x_1, x_2, \cdots, x_n \rangle := \langle x_1, \langle x_2, \cdots, x_n \rangle \rangle, \quad n = 3, 4, \cdots$$

と定義する.逆関数は $u = \langle x_1, x_2, \cdots, x_n \rangle$ に対して

$$(u)_i^n := x_i, \quad i = 1, 2, \cdots, n$$

と書く.

たとえば $(1) \in \{0,1\}^1$ と $(1,1,0,1,1) \in \{0,1\}^5$ に対して

$$\langle (1), (1,1,0,1,1) \rangle = (1,1,0,1,1,1,0,1,1) =: u \in \{0,1\}^9$$

である.このとき $(u)_1^2 = (1)$ および $(u)_2^2 = (1,1,0,1,1)$ である.同時に $\langle (1), (1), (1) \rangle = u$ でもあるから $(u)_1^3 = (u)_2^3 = (u)_3^3 = (1)$ である.

関数 $\langle x_1, \cdots, x_n \rangle$ は,コンピュータプログラムで関数に複数のパラメータを渡すときの方法を数学的に表したものである.たとえば,2 変数の関数 $f(x_1, x_2)$ の $x_1 = 3$, $x_2 = 2$ における値を計算させるときは $f(3,2)$ と書くのだが,入力する文字列 "3, 2" はコンピュータ内ではある語 u として処理される.u は区切り記号 "," の情報を持っているので,u から 2 と 3 を復元することができ

る．ここで区切り記号 "," は関数 $\langle x_1, x_2 \rangle$ の定義式 (2.4) における "0, 1" に相当する．

定義 2.12 (アルゴリズムに依存した計算の複雑度) $A: \{0,1\}^* \to \{0,1\}^*$ は $\mathbb{N} \to \mathbb{N}$ と考えたとき部分帰納的関数とする．A の下での $x \in \{0,1\}^*$ の計算の複雑度を

$$K_A(x) := \min\{L(q) \mid q \in \{0,1\}^*, A(q) = x\},$$

すなわち「$A(q) = x$ を満たす $q \in \{0,1\}^*$ の長さの最小値」と定義する．ただし，$A(q) = x$ となる q が存在しない場合は $K_A(x) := \infty$ と定義する．

定義 2.12 において，コルモゴロフは A をアルゴリズムとよんだが，今日ではプログラム言語とよんだ方が分かりやすいかもしれない．A の入力 q はプログラムであり，A は q を解釈しそれに従って計算を行い，x を出力する．したがって，$K_A(x)$ はプログラム言語 A の下で出力 x を得るためのプログラム q のうち，最も短いものの長さを返す関数である．

当然，K_A は A に依存するので，このままでは計算の複雑さの普遍的な尺度にはならない．そこで次の定理が登場する．

定理 2.13 ある部分帰納的関数 $A_0: \{0,1\}^* \to \{0,1\}^*$ が存在して，任意の部分帰納的関数 $A: \{0,1\}^* \to \{0,1\}^*$ に対して以下を満たす定数 $c_{A_0 A} \in \mathbb{N}_+$ が存在する；

$$K_{A_0}(x) \leqq K_A(x) + c_{A_0 A}, \quad x \in \{0,1\}^*.$$

A_0 は**万能アルゴリズム**とよばれる．

証明． 枚挙関数 univ_1 を用いて A_0 を次のように定義する．

$$A_0(z) := \mathrm{univ}_1((z)_1^2, (z)_2^2), \quad z \in \{0,1\}^*.$$

もし $z = \langle e, q \rangle$ の形をしていなかったら $A_0(z)$ は定義しない．e_A を A のゲーデル数とすれば $A_0(\langle e_A, q \rangle) = \mathrm{univ}_1(e_A, q) = A(q)$ である．任意の $x \in \{0,1\}^*$ をとる．もし $A(q) = x$ となる q が存在しなければ，$K_A(x) = \infty$ なので証明すべき式は成り立つ．もし $A(q) = x$ となる q が存在するときは，そのうち最も

短いものを q_x とする.このとき $A_0(\langle e_A, q_x\rangle) = x$ だから

$$K_{A_0}(x) \leqq L(\langle e_A, q_x\rangle).$$

一方,(2.4) より $L(\langle e_A, q_x\rangle) = L(q_x) + 2L(e_A) + 2$ で,$K_A(x) = L(q_x)$ だから

$$K_{A_0}(x) \leqq K_A(x) + 2L(e_A) + 2.$$

そこで $c_{A_0A} := 2L(e_A) + 2$ として定理の主張が従う. □

$K_{A_0}(x) \gg c_{A_0A}$ の場合は,$K_{A_0}(x)$ の方が $K_A(x)$ より大きかったとしても,その差は相対的にとても小さい.よって $K_{A_0}(x)$ がとても大きい x に関しては $K_{A_0}(x)$ はどの $K_A(x)$ よりも小さいか,相対的にわずかに大きいか,である.この意味で $K_{A_0}(x)$ は x の複雑度を測る最適な尺度になっており,そのため万能アルゴリズムは漸近最適アルゴリズムともよばれる.

A_0 と A_0' を二つの万能アルゴリズム[注11]とするとき,$c := \max\{c_{A_0'A_0}, c_{A_0A_0'}\}$ とすれば

$$|K_{A_0}(x) - K_{A_0'}(x)| \leqq c, \quad x \in \{0,1\}^* \tag{2.5}$$

が成り立つので,c に比べて $K_{A_0}(x)$,$K_{A_0'}(x)$ が大きいときは,この二つはほとんど同じとみなすことができる.

定義 2.14 万能アルゴリズム A_0 を一つ固定し,

$$K(x) := K_{A_0}(x), \quad x \in \{0,1\}^*$$

と定義する.$K(x)$ を x の**コルモゴロフ複雑度**とよぶ[注12].

定理 2.15 (i) ある定数 $c \in \mathbb{N}_+$ が存在して,すべての $x \in \{0,1\}^n$ に対して $K(x) \leqq n + c$.とくに $K : \{0,1\}^* \to \mathbb{N}$ は全域関数である.
(ii) $n > c' \in \mathbb{N}_+$ のとき,$\#\{x \in \{0,1\}^n \mid K(x) \geqq n - c'\} > 2^n - 2^{n-c'}$.

[注11] 枚挙関数が複数存在するから,万能アルゴリズムも複数存在する.
[注12] コルモゴロフの複雑さ,コルモゴロフ記述量,コルモゴロフ-チャイティンの複雑性,などいろいろなよび方がある.

証明. (ⅰ) アルゴリズム $A(x) := \mathrm{proj}_1^1(x) = x$ に対して $x \in \{0,1\}^n$ ならば $K_A(x) = n$ だから定理 2.13 より,ある $c \in \mathbb{N}_+$ が存在して $K(x) \leqq n + c$.

(ⅱ) $L(q) < n - c'$ となる $q \in \{0,1\}^*$ の個数は $2^0 + 2^1 + \cdots + 2^{n-c'-1} = 2^{n-c'} - 1$ 個だから,$K(x) < n - c'$ となる $x \in \{0,1\}^n$ の個数は高々 $2^{n-c'} - 1$ 個である.これより (ⅱ) の主張が従う. □

2.2.2 乱数

定理 2.15 (ⅰ)(ⅱ) から,定数 c が無視できるほど n が大きいとき,圧倒的多数の $x \in \{0,1\}^n$ のコルモゴロフ複雑度 $K(x)$ はほぼ n に等しい.そのように $K(x)$ がほぼ n に等しい $x \in \{0,1\}^n$ を**乱数**とよぶ.

注意 2.16 万能アルゴリズムが複数存在し (2.5) のように定数の曖昧さを伴うため,乱数の定義はこのように曖昧さを残したものにならざるを得ない[注13].

例 2.17 円周率 π の公式計算記録は,2009 年 8 月現在,2 進法表記で小数 8 兆 5605 億 4349 万桁 (10 進法表記で 2 兆 5769 億 8037 万桁) である.それを算出したプログラムは,8 兆 5605 億 4349 万ビットよりずっと短いので,π の 2 進法表記で小数 8 兆 5605 億 4349 万桁における 0 と 1 の並びは乱数ではない.

例 2.17 のように乱数でないことが分かる具体的な $x \in \{0,1\}^*$ はいくらでも例示することができるが,乱数であることが分かる具体的な $x \in \{0,1\}^*$ の例は不明である.実際,$x \in \{0,1\}^*$ が与えられたとき,それが乱数であるかどうかを判定するには $K(x)$ を計算しなければならないが,次の定理はそれが不可能であることを主張する.

定理 2.18 $K(x)$ は全域帰納的関数でない.

証明. $\{0,1\}^*$ を $\mathbb{N}$ と同一視して論じる.背理法で示す.そのために $K(x)$ が全域帰納的関数であると仮定する.このとき関数

$$\psi(x) := \min\{z \in \mathbb{N} \mid K(z) \geqq x\}, \qquad x \in \mathbb{N}$$

[注13] なお,無限の長さの $\{0,1\}$-列に対しても "ランダムな $\{0,1\}$-列" を定義することができるが,そのときはこのような曖昧さは生じないことが知られている.

は全域帰納的関数である．定義より $x \leqq K(\psi(x))$．いま ψ をアルゴリズムと思えば

$$K_\psi(\psi(x)) = \min\{\, L(q) \,|\, q \in \mathbb{N},\, \psi(q) = \psi(x) \,\}$$

だから，$K_\psi(\psi(x)) \leqq L(x)$．したがって定理 2.13 より，ある $c \in \mathbb{N}_+$ が存在してすべての x に対して

$$x \leqq K(\psi(x)) \leqq L(x) + c \tag{2.6}$$

が成り立つ．しかし (2.3) にあるように $x \geqq 1$ ならば $L(x) \leqq \log_2 x + 1$ なので (2.6) は十分大きい x に対しては不可能な不等式である (付録：命題 A.16 (ii) で $a = 1$ の場合を考えよ)．よって $K(x)$ は全域帰納的関数でない． □

$K(x)$ は全域関数，すなわちすべての $x \in \{0,1\}^*$ に対して定義されているが，$K(x)$ を計算するプログラムは存在しない．このように「定義できる」ということと「計算できる」ということは異なった概念なのである．

定理 2.18 が停止問題の計算不可能性 (定理 2.9) と深く関係することを説明しよう．次の関数 complexity を考察する．この関数の定義の中で A_0 は定理 2.13 の証明に現れる万能アルゴリズムで，これがコルモゴロフ複雑度 K の定義に用いられていると仮定する．

---

complexity(x)

(1) $l := 1$ とする．

(2) q を $\{0,1\}^l$ の最初の元とする．

(3) もし $A_0(q) = x$ ならば l を出力し停止する．

(4) q が $\{0,1\}^l$ の最後の元ならば $l+1$ を新たに l として (2) に戻る．

(5) q の次の元を新たに q として (3) に戻る．

関数 complexity は標準的順序に従って小さい順にすべての $\{0,1\}$-列 q (プログラム) を A_0 に入力し，そのとき出力が x になっているかどうかを確かめ，もしそうなっていれば q の長さを出力して停止する．だから complexity は，一見，$K(x)$ を計算するプログラムに見える．しかしそれを実際に実行したとき，

はたして停止するとは限らない.じつは,ある $\{0,1\}$-列 x に対しては $K(x)$ を出力する前に complexity はステップ (3) で無限ループに陥ってしまう.そして定理 2.9 により我々にはこのことを事前に察知しそれを防ぐ手立ては存在しない[注14].

たとえば美しい風景写真もコンピュータ上では有限の長さの $\{0,1\}$-列 x として記録される.それはデタラメな画像ではないから乱数ではないだろう.つまり,$K(x)$ は $L(x)$ よりずっと小さい.このことは,$L(x)$ よりずっと短い $q \in \{0,1\}^*$ で $A_0(q) = x$ (A_0 は万能アルゴリズム) となるものが存在することを意味する.このとき,コンピュータは x を記録するよりも,q を記録する方が記憶領域を大幅に節約できる.これが日常的によく行われている**情報圧縮**の原理である.q は x を圧縮した語で,A_0 は q を"解凍"して x を復元するためのプログラムに相当する.この観点から「乱数とは圧縮できない語である」ということもできる.

2.2.3 応用:素数分布 (*)

再び少し寄り道をしよう.まず,次の有名なユークリッドの定理の証明を乱数の性質を使って示す.

定理 2.19 素数は無限に存在する.

証明. 背理法で示す.素数が $p_1, p_2, \cdots, p_k$ しかないと仮定する.このとき,部分帰納的関数 $A : \mathbb{N} \to \mathbb{N}$ を

$$A(\langle e_1, e_2, \cdots, e_k \rangle) := p_1^{e_1} p_2^{e_2} \cdots p_k^{e_k}$$

と定義すると,任意の $m \in \mathbb{N}_+$ に対して[注15],ある $e_1(m), e_2(m), \cdots, e_k(m) \in \mathbb{N}$ が存在して $A(\langle e_1(m), e_2(m), \cdots, e_k(m) \rangle) = m$.したがって,

---

[注14] じつは「halt が分かれば,そこから complexity は計算可能.逆に,complexity が分かれば,そこから halt が計算可能」という意味で,halt の計算不可能性と K の計算不可能性は同等であることが知られている.

[注15] $\mathbb{N}_+ := \{1, 2, \cdots\}$ は自然数全体の集合.

$$K_A(m) \leqq L(\langle e_1(m), \cdots, e_k(m)\rangle)$$
$$= 2L(e_1(m)) + 2 + \cdots + 2L(e_{k-1}(m)) + 2 + L(e_k(m)).$$

各 i につき $e_i(m) \leqq \log_{p_i} m \leqq \log_2 m$, よって $L(e_i(m)) \leqq \log_2(\log_2 m + 1)$. これから

$$K_A(m) \leqq (2k-1)\log_2(\log_2 m + 1) + 2(k-1),$$

したがってある $c \in \mathbb{N}_+$ が存在して

$$K(m) \leqq (2k-1)\log_2(\log_2 m + 1) + 2(k-1) + c, \quad m \in \mathbb{N}_+.$$

しかし, m が乱数ならば $K(m) \approx \log_2 m$ であるから, 大きな乱数 m では上式は成り立たなくなる. □

もちろん, この証明はよく知られた証明[注16]よりずっと難しいからあまり面白くない. しかしこの証明を少し見直すと, 素数分布について興味深い知見を得ることができる.

定理 2.20 ([16], 定理 8) p_n を n 番目に小さな素数とすれば $n \to \infty$ のとき

$$p_n \sim n \log n. \tag{2.7}$$

ここに "$\sim$" は両辺の比が 1 に収束することを表す.

定理 2.20 は有名な素数定理; $n \to \infty$ のとき

$$\#\{2 \leqq p \leqq n \mid p \text{ は素数 }\} \sim \frac{n}{\log n}$$

の言い換え (同値な定理) である. 以下の議論は少し厳密性を欠くが, コルモゴロフ複雑度を用いてこの定理に迫ってみよう.

いま p_n は $m \in \mathbb{N}_+$ の約数であるとする. このとき, m は n と m/p_n という二つの整数から計算することができる[注17]. だから, $c, c', c'', c''' \in \mathbb{N}_+$ を

[注16] たとえば [4] p.25 参照.
[注17] $n \mapsto p_n$ という関数は原始帰納的である.

n, m によらない適当な定数として

$$K(m) \leqq L\left(\left\langle n, \frac{m}{p_n}\right\rangle\right) + c$$
$$= 2L(n) + 2 + L\left(\frac{m}{p_n}\right) + c$$
$$\leqq 2\log_2 n + \log_2 m - \log_2 p_n + c'. \tag{2.8}$$

もし m が乱数ならば $K(m) \geqq \log_2 m - c''$ だから

$$\log_2 p_n \leqq 2\log_2 n + c'''$$

よって

$$p_n \leqq 2^{c'''} n^2.$$

これは (2.7) に比べてとても弱い不等式である.そこで,二つの自然数 n と m/p_n に対してできるだけ短い一つの自然数を対応させることで,この不等式を改良する.

$x = (x_1, \cdots, x_k) \in \{0,1\}^*$ と $y = (y_1, \cdots, y_l) \in \{0,1\}^*$ の連結 $xy \in \{0,1\}^*$ を

$$xy := (x_1, \cdots, x_k, y_1, \cdots, y_l)$$

と書こう.三つ以上の語の連結も同様に定義する.一般に xy が与えられたとき,各 x, y を復元することは (どこが切れ目か分からないので) できない.そこで,x の長さ $L(x)$ も同時に組み込んで $\langle L(x), xy \rangle$ とすれば,これなら x の長さが分かるから xy から各 x, y を復元することができる.このとき

$$L(\langle L(x), xy \rangle) = 2L(L(x)) + 2 + L(x) + L(y)$$

となって,$x \gg 1$ のとき,これは $L(\langle x, y \rangle)$ よりずっと小さい.さらに

$$\langle L(L(x)), L(x)xy \rangle$$

とすれば,もっと短くできる.実際,$x \gg 1$ のとき

$$L(\langle L(L(x)), L(x)xy \rangle)$$
$$\approx 2\log_2 \log_2 \log_2 x + 2 + \log_2 \log_2 x + \log_2 x + \log_2 y \tag{2.9}$$

である．不等式 (2.8) のところで，(2.9) を適用すれば $c, c', c'', c''' \in \mathbb{N}_+$ を k, m によらない適当な定数として

$K(m)$

$$\leqq 2\log_2\log_2\log_2 n + 2 + \log_2\log_2 n + \log_2 n + \log_2 m - \log_2 p_n + c.$$

もし m が乱数ならば $K(m) \geqq \log_2 m - c'$ だから

$$\log_2 p_n \leqq 2\log_2\log_2\log_2 n + \log_2\log_2 n + \log_2 n + c'',$$

よって

$$p_n \leqq c''' n \log_2 n \, (\log_2 \log_2 n)^2. \tag{2.10}$$

(2.10) は上からの不等式だけで，しかも値のよく分からない定数 $c''' \in \mathbb{N}_+$ を含んでいるものの，(2.7) にきわめて近い増大の速さが現れている．乱数の定義とコルモゴロフ複雑度の大雑把な計算だけで，このように素数定理に迫ることができるのは驚きである．

第 3 章
極限定理

極限定理はランダム性——突き詰めれば "乱数の性質"——を調べるための具体的な数学的手段であり表現形式なので，それを研究し理解することはきわめて重要である．ランダム性を調べるために，極限定理の研究は主として非常に 1 に近い確率を持つ事象 (あるいは同じことだが非常に小さい確率を持つ事象) の非自明な例 (容易にはそうと分からないような例) を数多く発見することを目指す．

本書ではあまり触れないが，確率論の実際的な応用では極限定理を利用したものがとても多い．確率が 1 に近い事象を特定する極限定理を利用すれば，ランダムな現象であってもほとんど確実に起こることを予測できるから，現実の問題の解決に役立つのである．したがって応用の意味でも極限定理は確率論の中心的主題となっている．

この章では硬貨投げに関する最も重要な二つの極限定理，すなわち n 回の硬貨投げの確率空間 $(\{0,1\}^n, \mathfrak{P}(\{0,1\}^n), P_n)$ —— P_n は (1.9) のように定義された $\{0,1\}^n$ 上の一様確率測度——の上で (1.12) のように定義された座標関数の列 $\{\xi_i\}_{i=1}^n$ の和 $\sum_{i=1}^n \xi_i$ に関するベルヌーイの定理とド・モアブル-ラプラスの定理，を証明する．さらにこれらの極限定理は硬貨投げばかりでなく，一般の独立同分布確率変数列の場合にも成り立つことを学ぶ．

確率論研究の最先端でも，これらの定理の主張がどういう状況で成り立つのかを詳しく調べることは非常に重要な課題となっている．

3.1　ベルヌーイの定理

硬貨投げは表と裏がそれぞれ同じ確率 1/2 で出る，といっても，表と裏がいつも同じ回数だけ出る，ということではない．試みに筆者が 1 円玉を 100 回投

げて出た表 (= 1) 裏 (= 0) を記録したところ，次のようになった．

1110110101 1011101101 0100000011 0110101001 0101000100
0101111101 1010000000 1010100011 0100011001 1101111101

これら 100 個の数字の中で 1 の個数，すなわち表の出た回数は 51 である．同じ実験を繰り返すたびに表裏の出方は変化するであろう．しかし，表の出る回数は 50 から大きく外れることは少ない．じつは $L(\omega) = n \gg 1$ のとき，ω が乱数ならば 1 の現れる相対度数 $\sum_{i=1}^{n} \xi_i(\omega)/n$ はほぼ 1/2 に等しい．このことは (p.51 で説明するように) 次の定理から従う．

定理 3.1 ある定数 $c \in \mathbb{N}_+$ が存在して，任意の $n \in \mathbb{N}_+$，任意の $\omega \in \{0,1\}^n$ に対して，$p := \sum_{i=1}^{n} \xi_i(\omega)/n$ とおくとき

$$K(\omega) \leqq nH(p) + 4\log_2 n + c$$

が成り立つ．ここに $H(p)$ は (2 値) エントロピー関数である;

$$H(p) := \begin{cases} -p\log_2 p - (1-p)\log_2(1-p) & (0 < p < 1), \\ 0 & (p = 0, 1). \end{cases} \quad (3.1)$$

証明． 条件 $\sum_{i=1}^{n} y_i = np$ を満たすような $y = (y_1, \cdots, y_n) \in \{0,1\}^n$ の総数は ${}_nC_{np} = n!/((n-np)!(np)!)$ であり，それらを標準的順序で小さい方から数えて当該 ω は n_1 番目であるとする．このとき逆に $\langle n, np, n_1 \rangle$ から ω を復元するアルゴリズム (原始帰納的関数) が存在する．それを A とする．すなわち $A(\langle n, m, l \rangle)$ は $\{0,1\}^n$ の元 $y = (y_1, \cdots, y_n)$ のうち $\sum_{i=1}^{n} y_i = m$ を満たすものを標準的順序で小さい方から数えて l 番目の元を返す関数である．いま $A(\langle n, np, n_1 \rangle) = \omega$ だから

$$K_A(\omega) = L(\langle n, np, n_1 \rangle)$$
$$= 2L(n) + 2 + 2L(np) + 2 + L(n_1)$$
$$\leqq 4L(n) + L(n_1) + 4$$

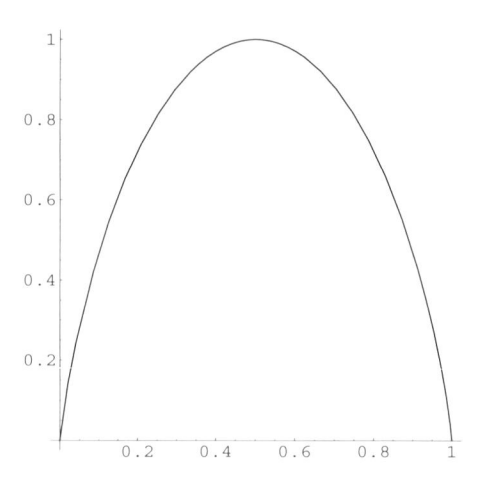

図 **3.1** $H(p)$ のグラフ

$$\leqq 4L(n) + L\left({}_n\mathrm{C}_{np}\right) + 4.$$

(2.3) を用いると

$$K_A(\omega) \leqq 4\log_2 n + \log_2 {}_n\mathrm{C}_{np} + 9.$$

さて，二項定理により

$${}_n\mathrm{C}_{np}\, p^{np}(1-p)^{n-np} \leqq \sum_{k=0}^{n} {}_n\mathrm{C}_k\, p^k(1-p)^{n-k} = 1$$

だから

$$\begin{aligned}
{}_n\mathrm{C}_{np} &\leqq p^{-np}(1-p)^{-(n-np)} \\
&= 2^{-np\log_2 p}\, 2^{-(n-np)\log_2(1-p)} = 2^{nH(p)}.
\end{aligned} \tag{3.2}$$

したがって

$$K_A(\omega) \leqq nH(p) + 4\log_2 n + 9. \tag{3.3}$$

定理 2.13 より，ある $c \in \mathbb{N}_+$ が存在して

$$K(\omega) \leqq nH(p) + 4\log_2 n + c$$

となる． □

エントロピー関数 $H(p)$ は次のような性質を持つ (図 3.1).

(i) $0 \leq H(p) \leq 1$. $H(p)$ は $p = 1/2$ で最大値 1 をとる.

(ii) $0 < H\left(\frac{1}{2} + \varepsilon\right) = H\left(\frac{1}{2} - \varepsilon\right) < 1$, $0 < \varepsilon < 1/2$. この共通の値は ε の増加に伴って減少する.

定理 3.1 の証明において, $L(\omega) = n \gg 1$ かつ $p \neq 1/2$ のときは, ω は $\langle n, np, n_1 \rangle$ という ω より短い語に圧縮可能である. したがって ω は乱数ではない. 対偶をとれば, $L(\omega) = n \gg 1$ のとき, ω が乱数ならば $\sum_{i=1}^{n} \xi_i(\omega)/n$ はほぼ $1/2$ に等しいことが分かる.

定理 3.1 より次のベルヌーイの定理[注1] が従う.

定理 3.2 任意の $\varepsilon > 0$ に対して

$$\lim_{n \to \infty} P_n \left(\left| \frac{\xi_1 + \cdots + \xi_n}{n} - \frac{1}{2} \right| > \varepsilon \right) = 0 \tag{3.4}$$

が成り立つ.

注意 3.3 定理 3.2 において, $0 < \varepsilon < \varepsilon'$ のとき, (3.4) は ε で成り立てば ε' でも成り立つ. つまり ε は小さければ小さいほど主張 (3.4) の価値は高い. だから,「任意の $\varepsilon > 0$ に対して」はここでは「どんなに小さな $\varepsilon > 0$ に対しても」の意味で使われている. このような表現は以降しばしば現れるので注意せよ.

定理 3.2 の証明. 定理 3.1 とエントロピー関数 $H(p)$ の性質 (ii) から

$$\frac{\xi_1(\omega) + \cdots + \xi_n(\omega)}{n} > \frac{1}{2} + \varepsilon \Longrightarrow K(\omega) < nH\left(\frac{1}{2} \pm \varepsilon\right) + 4\log_2 n + c,$$

$$\frac{\xi_1(\omega) + \cdots + \xi_n(\omega)}{n} < \frac{1}{2} - \varepsilon \Longrightarrow K(\omega) < nH\left(\frac{1}{2} \pm \varepsilon\right) + 4\log_2 n + c.$$

これらより

[注1] ベルヌーイの定理は表の出る確率と裏の出る確率の異なる (不公平な) 硬貨投げの場合 (例 3.20) も含むので, ここで紹介するのはその特別な場合である.

$$\left\{ \omega \in \{0,1\}^n \,\middle|\, \left|\frac{\xi_1(\omega) + \cdots + \xi_n(\omega)}{n} - \frac{1}{2}\right| > \varepsilon \right\}$$

$$= \left\{ \omega \in \{0,1\}^n \,\middle|\, \frac{\xi_1(\omega) + \cdots + \xi_n(\omega)}{n} > \frac{1}{2} + \varepsilon \right\}$$

$$\cup \left\{ \omega \in \{0,1\}^n \,\middle|\, \frac{\xi_1(\omega) + \cdots + \xi_n(\omega)}{n} < \frac{1}{2} - \varepsilon \right\}$$

$$\subset \left\{ \omega \in \{0,1\}^n \,\middle|\, K(\omega) < nH\left(\frac{1}{2} \pm \varepsilon\right) + 4\log_2 n + c \right\}. \tag{3.5}$$

よって定理 2.15 (ii) から

$$\#\left\{ \omega \in \{0,1\}^n \,\middle|\, \left|\frac{\xi_1(\omega) + \cdots + \xi_n(\omega)}{n} - \frac{1}{2}\right| > \varepsilon \right\}$$

$$\leq \#\left\{ \omega \in \{0,1\}^n \,\middle|\, K(\omega) < nH\left(\frac{1}{2} \pm \varepsilon\right) + 4\log_2 n + c \right\}$$

$$\leq 2^{nH(\frac{1}{2} \pm \varepsilon) + 4\log_2 n + c} = n^4 2^c 2^{nH(\frac{1}{2} \pm \varepsilon)}.$$

両辺を $\#\{0,1\}^n = 2^n$ で割れば

$$P_n\left(\left|\frac{\xi_1 + \cdots + \xi_n}{n} - \frac{1}{2}\right| > \varepsilon \right) \leq n^4 2^c 2^{-n(1 - H(\frac{1}{2} \pm \varepsilon))}. \tag{3.6}$$

ここで $1 - H\left(\frac{1}{2} \pm \varepsilon\right) > 0$ だから, (3.6) の右辺は $n \to \infty$ のとき 0 に収束する (付録：命題 A.16 (i) 参照). □

$c' \in \mathbb{N}_+$ を定数とし, $A_n := \{\omega \in \{0,1\}^n \mid K(\omega) > n - c'\}$ とする. (3.5) の両辺の余事象をとると, $n \gg 1$ のとき

$$A_n \subset \left\{ \omega \in \{0,1\}^n \,\middle|\, K(\omega) \geq nH\left(\frac{1}{2} \pm \varepsilon\right) + 4\log_2 n + c \right\}$$

$$\subset \left\{ \omega \in \{0,1\}^n \,\middle|\, \left|\frac{\xi_1(\omega) + \cdots + \xi_n(\omega)}{n} - \frac{1}{2}\right| \leq \varepsilon \right\} =: B_n.$$

A_n は乱数の集合と考えられるが, 定理 3.2 によって圧倒的多数とされる集合 B_n に含まれる. すなわち図 1.3 は, この場合, 図 3.2 のようである.

ここでは乱数の性質 (定理 3.1) を用いて極限定理 (定理 3.2) を証明したが, およそこのようなことは困難で, 逆に極限定理を示すことによって間接的にランダム性を調べるのが一般的である (§ 1.3.1).

注意 3.4 定理 2.15 (ii) は任意のアルゴリズム A に依存した計算の複雑度 K_A の場合でも正しいので, (3.3) によれば (3.6) の定数 c は $c = 9$ としてよい

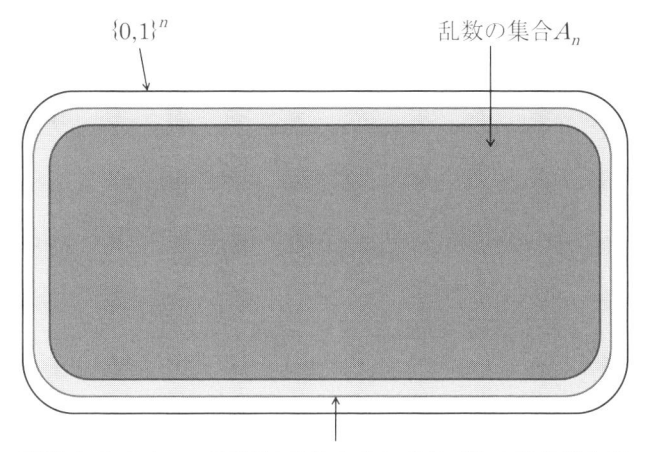

図 3.2 定理 3.2 と乱数 (概念図)

ことが分かる．そこで $c = 9$, $\varepsilon = 1/2000$, $n = 10^8$ として (3.6) を計算してみると

$$P_{10^8}\left(\left|\frac{\xi_1 + \cdots + \xi_{10^8}}{10^8} - \frac{1}{2}\right| > \frac{1}{2000}\right) \leq 9.87512 \times 10^{12} \qquad (3.7)$$

となる．左辺は 1 以下であるから，これは残念ながら意味のない不等式である．(3.6) の真価は 10^8 よりもはるかに大きい n でのみ発揮される．

3.2 大数の法則

ベルヌーイの定理の主張は硬貨投げばかりでなく，もっと一般の様々な確率変数列に対しても成り立つ．それらを総称して大数の法則という．本書では最も基本的な "独立同分布確率変数列に対する大数の法則" について学ぶ．

大数の "法則" とよばれているが[注2]，もちろん数学の定理である．確率がまだ数学として認められていなかった時代に登場した大数の法則は，当時，"慣性の法則" のように自然の法則の一つと考えられたのであろう．

[注2] 命名はポアソンといわれている．

確率が数学として認められるまでにはベルヌーイの時代からさらに 200 年以上の年月が必要であった．きっかけは，ヒルベルトが第 2 回国際数学者会議 (パリ，1900 年) で提起した 23 の問題のうちの第 6 問題において，「確率論と力学を公理論的に構成せよ」と世界の数学者に呼び掛けたことだろう．実際に確率が数学として広く認められたのは 1909 年発表のボレルの正規数定理 (1.16) 以降である．最終的に確率論の公理化は，1933 年，コルモゴロフ [8] によって成し遂げられた．

3.2.1　独立確率変数列

$(\Omega, \mathfrak{P}(\Omega), P)$ を確率空間とする．二つの事象 $A, B \in \mathfrak{P}(\Omega)$ に対して，もし $P(B) > 0$ ならば

$$P(A|B) := \frac{P(A \cap B)}{P(B)}$$

と定義する．$P(A|B)$ は「事象 B が起こった場合に A の起こる確率」と解釈されるのでこれを条件 B の下での A の**条件付確率**という．$P(A|B)$ と $P(A)$ の大小関係は

(i) $P(A|B) > P(A)$, (ii) $P(A|B) = P(A)$, (iii) $P(A|B) < P(A)$,

のいずれかであるが，(i) の場合は条件 B がある方が A が起こりやすい，と解釈される．同様に (ii) は条件 B が起こっても A の起こりやすさは変わらない，(iii) は条件 B が起こると A は起こりにくくなる，と解釈される．

ここで (ii) の場合 $P(A|B) = P(A)$ を A は B に対して独立ということにしよう．$P(B) > 0$ のとき (ii) は $P(A \cap B) = P(A)P(B)$ と同値であるが，もし $P(A) > 0$ も仮定すれば，これは $P(B|A) = P(B)$ とも同値である．つまり，このとき B は A に対して独立である．このように事象の独立性には対称性がある．それを明確にし，さらに $P(A) = 0, P(B) = 0$ の場合も含めた形で定義を設ける；事象 A, B が独立であるとは

$$P(A \cap B) = P(A)P(B)$$

を満たすときをいう．そしてこれを含む形で，一般に n 個の事象の独立性を定義する．

定義 3.5 事象 $A_1,\cdots,A_n$ が独立であるとは,任意の部分集合 $I \subset \{1,\cdots,n\}$, $I \neq \emptyset$, に対して

$$P\left(\bigcap_{i\in I} A_i\right) = \prod_{i\in I} P(A_i)$$

を満たすときをいう.ここに $\bigcap_{i\in I} A_i$ は I に属するすべての i に対応する A_i の共通部分 (または積集合), $\prod_{i\in I} P(A_i)$ は I に属するすべての i に対応する $P(A_i)$ の積を表す (付録:§ A.1.2).

注意 3.6 2 回の硬貨投げの確率空間 $(\{0,1\}^2, \mathfrak{P}(\{0,1\}^2), P_2)$ において,事象 A, B, C を

$$A := \{(0,0),(0,1)\}, \quad B := \{(0,1),(1,1)\}, \quad C := \{(0,0),(1,1)\}$$

とおく.このとき

$$P_2(A\cap B) = P_2(A)P_2(B) = \frac{1}{4},$$
$$P_2(B\cap C) = P_2(B)P_2(C) = \frac{1}{4},$$
$$P_2(C\cap A) = P_2(C)P_2(A) = \frac{1}{4}$$

だから,どの二つからなる対も独立である.しかし

$$P_2(A\cap B\cap C) = P_2(\emptyset) = 0, \quad P_2(A)P_2(B)P_2(C) = \frac{1}{8}$$

だから,A, B, C は独立でない.

定義 3.7 (i) 確率変数 X と Y (両者は同一の確率空間で定義されている必要はない) が同じ分布を持つとき,両者は**同分布**であるという.また,確率変数 $X_1,\cdots,X_n$ と $Y_1,\cdots,Y_n$ (両者は同一の確率空間で定義されている必要はない) が同じ結合分布を持つとき,両者は**同分布**であるという.

(ii) 確率変数 $X_1,\cdots,X_n$ が任意の $c_i < d_i$, $i = 1,\cdots,n$, に対して事象

$$\{c_i < X_i \leqq d_i\}, \quad i = 1,\cdots,n$$

が独立であるとき,$X_1,\cdots,X_n$ は**独立**であるという.

事象 $A_1, \cdots, A_n \in \mathfrak{P}(\Omega)$ が独立であるための必要十分条件は,それらの定義関数 $\mathbf{1}_{A_1}, \cdots, \mathbf{1}_{A_n}$ (付録:§ A.1.1) が独立であることである.

命題 3.8 確率変数 $X_1, \cdots, X_n$ について以下の二条件は同値である.
(i) $X_1, \cdots, X_n$ は独立である.
(ii) X_i のとり得る値が $\{a_{ij} \mid j = 1, \cdots, s_i\}$, $i = 1, \cdots, n$, のとき,

$$P(X_i = a_{ij_i},\ i = 1, \cdots, n) = \prod_{i=1}^{n} P(X_i = a_{ij_i})$$

が任意の $j_i = 1, \cdots, s_i$, $i = 1, \cdots, n$, について成り立つ.

証明. (i) $\Longrightarrow$ (ii): $\{c_i < X_i \leqq d_i\} = \{X_i = a_{ij_i}\}$ となるように c_i, d_i を選ぶと,(i) より $\{X_i = a_{ij_i}\}$, $i = 1, \cdots, n$, が独立であることが分かる.よって (ii) が従う.

(ii) $\Longrightarrow$ (i): $P(c_1 < X_1 \leqq d_1) = \displaystyle\sum_{j_1\,;\,c_1 < a_{1j_1} \leqq d_1} P(X_1 = a_{1j_1})$

である.ただし $\displaystyle\sum_{j_1\,;\,c_1 < a_{1j_1} \leqq d_1}$ は $c_1 < a_{1j_1} \leqq d_1$ を満たすすべての j_1 について加えることを表す (付録:§ A.1.2). 同様に

$$P(c_i < X_i \leqq d_i,\ i = 1, \cdots, n)$$
$$= \sum_{j_1\,;\,c_1 < a_{1j_1} \leqq d_1} \cdots \sum_{j_n\,;\,c_n < a_{nj_n} \leqq d_n} P(X_i = a_{ij_i},\ i = 1, \cdots, n)$$
$$= \sum_{j_1\,;\,c_1 < a_{1j_1} \leqq d_1} \cdots \sum_{j_n\,;\,c_n < a_{nj_n} \leqq d_n} \prod_{i=1}^{n} P(X_i = a_{ij_i})$$

因数分解すると (付録:例 A.4)

$$= \prod_{i=1}^{n} \sum_{j_i\,;\,c_i < a_{ij_i} \leqq d_i} P(X_i = a_{ij_i})$$
$$= \prod_{i=1}^{n} P(c_i < X_i \leqq d_i).$$

次に任意の $I \subset \{1, 2, \cdots, n\}$, $I \neq \emptyset$, をとる.各 $k \notin I$ について $c_k := \min\{a_{kj} \mid j = 1, 2, \cdots, s_k\} - 1$, $d_k := \max\{a_{kj} \mid j = 1, 2, \cdots, s_k\} + 1$ とすれば

$$P(c_k < X_k \leqq d_k) = 1, \quad k \notin I$$

だから,

$$P(c_i < X_i \leqq d_i, i \in I) = P(c_i < X_i \leqq d_i, i = 1, 2, \cdots, n)$$
$$= \prod_{i=1}^n P(c_i < X_i \leqq d_i)$$
$$= \prod_{i \in I} P(c_i < X_i \leqq d_i). \qquad \square$$

例 3.9 確率空間 $(\{0,1\}^n, \mathfrak{P}(\{0,1\}^n), P_n)$ 上で定義された座標関数の列 $\{\xi_i\}_{i=1}^n$ は独立同分布 (以下, **i.i.d.** と略記[注3]) 確率変数列である (例 1.8).

命題 3.8 (ii) は, $X_1, \cdots, X_n$ が独立であればそれらの結合分布がそれぞれの周辺分布から計算できることを示している. いま, 各 $i = 1, \cdots, n$ に対して確率空間 $(\Omega_i, \mathfrak{P}(\Omega_i), \mu_i)$ 上に確率変数 $X_i : \Omega_i \to \mathbb{R}$ が定義されているとする. このとき, 適当な確率空間 $(\hat{\Omega}, \mathfrak{P}(\hat{\Omega}), \hat{\mu})$ 上に独立な確率変数 $\hat{X}_1, \cdots, \hat{X}_n$ をうまく定義して各 i に対して $\hat{X}_i$ と X_i が同分布であるようできる. 実際,

$$\hat{\Omega} := \Omega_1 \times \cdots \times \Omega_n,$$
$$\hat{\mu}(\{\omega\}) := \prod_{i=1}^n \mu_i(\{\omega_i\}), \quad \omega = (\omega_1, \cdots, \omega_n) \in \hat{\Omega},$$
$$\hat{X}_i(\omega) := X_i(\omega_i), \quad \omega = (\omega_1, \cdots, \omega_n) \in \hat{\Omega}, \quad i = 1, \cdots, n$$

とすればよい. 確率測度 $\hat{\mu}$ を

$$\hat{\mu} = \mu_1 \otimes \cdots \otimes \mu_n$$

と書いて $\mu_1, \cdots, \mu_n$ の**直積確率測度**とよぶ.

例 3.10 表 (= 1) の出る確率が $0 < p < 1$ の硬貨投げを表現する確率空間と確率変数列を構成しよう. $p \neq 1/2$ のときは**不公平な硬貨投げ**である. 各 $1 \leqq i \leqq n$ に対して確率空間 $(\Omega_i, \mathfrak{P}(\Omega_i), \mu_i)$ を

$$\Omega_i := \{0,1\}, \quad \mu_i(\{1\}) := p, \quad \mu_i(\{0\}) = 1 - p$$

[注3] independently identically distributed の頭文字を並べたもの.

とすれば，表の出る確率が p の n 回の硬貨投げは，確率空間 $(\hat{\Omega}, \mathfrak{P}(\hat{\Omega}), P_n^{(p)})$．ただし

$$\hat{\Omega} := \Omega_1 \times \cdots \times \Omega_n = \{0,1\}^n,$$
$$P_n^{(p)} := \mu_1 \otimes \cdots \otimes \mu_n,$$

上で (1.12) のように定義された座標関数の列 $\{\xi_i\}_{i=1}^n$ によって表すことができる．すなわち $\{\xi_i\}_{i=1}^n$ は独立で

$$P_n^{(p)}(\xi_i = 1) = p, \quad P_n^{(p)}(\xi_i = 0) = 1 - p, \quad i = 1, \cdots, n.$$

そして

$$P_n^{(p)}(\{\omega\}) := p^{\sum_{i=1}^n \omega_i}(1-p)^{n - \sum_{i=1}^n \omega_i}, \quad \omega = (\omega_1, \cdots, \omega_n) \in \{0,1\}^n$$

が成り立つ．なお，$P_n^{(1/2)} = P_n$ である．

定義 3.11 確率空間 $(\Omega, \mathfrak{P}(\Omega), P)$ 上で定義された確率変数 $X : \Omega \to \mathbb{R}$ について，**平均** (または**期待値**) $\mathbf{E}[X]$ と**分散** $\mathbf{V}[X]$ を以下のように定義する．

$$\mathbf{E}[X] := \sum_{\omega \in \Omega} X(\omega) P(\{\omega\}),$$
$$\mathbf{V}[X] := \mathbf{E}\left[(X - \mathbf{E}[X])^2\right] = \sum_{\omega \in \Omega} (X(\omega) - \mathbf{E}[X])^2 P(\{\omega\}).$$

命題 3.12 確率変数 X のとり得る値が $\{a_1, a_2, \cdots, a_s\}$ のとき，

$$\mathbf{E}[X] = \sum_{i=1}^s a_i P(X = a_i),$$
$$\mathbf{V}[X] = \sum_{i=1}^s (a_i - \mathbf{E}[X])^2 P(X = a_i)$$

が成り立つ．とくに事象 $A \in \mathfrak{P}(\Omega)$ について $\mathbf{E}[\mathbf{1}_A] = P(A)$ である．

証明． $\mathbf{E}[X] = \sum_{\omega \in \Omega} X(\omega) P(\{\omega\})$

$$= \sum_{i=1}^s \sum_{\omega \in \Omega \,;\, X(\omega) = a_i} X(\omega) P(\{\omega\}) \quad (\text{付録：§ A.1.2})$$

$$= \sum_{i=1}^s \sum_{\omega \in \Omega \,;\, X(\omega) = a_i} a_i P(\{\omega\})$$

$$= \sum_{i=1}^{s} a_i \sum_{\omega \in \Omega\,;\,X(\omega)=a_i} P(\{\omega\})$$
$$= \sum_{i=1}^{s} a_i P(X = a_i).$$

$\mathbf{V}[X]$ についても同様. □

命題 3.12 より，平均と分散は確率変数の分布で決まることが分かる．よって X, Y が同分布ならばそれらの平均と分散は一致する．

命題 3.13 確率空間 $(\Omega, \mathfrak{P}(\Omega), P)$ 上で定義された確率変数 $X_1, \cdots, X_n : \Omega \to \mathbb{R}$ と定数 $c_1, \cdots, c_n \in \mathbb{R}$ について

$$\mathbf{E}[c_1 X_1 + \cdots + c_n X_n] = c_1 \mathbf{E}[X_1] + \cdots + c_n \mathbf{E}[X_n] \tag{3.8}$$

が成り立つ．

証明． $\mathbf{E}[c_1 X_1 + \cdots + c_n X_n]$

$$= \sum_{\omega \in \Omega} (c_1 X_1(\omega) + \cdots + c_n X_n(\omega)) P(\{\omega\})$$
$$= c_1 \sum_{\omega \in \Omega} X_1(\omega) P(\{\omega\}) + \cdots + c_n \sum_{\omega \in \Omega} X_n(\omega) P(\{\omega\})$$
$$= c_1 \mathbf{E}[X_1] + \cdots + c_n \mathbf{E}[X_n],$$

よって (3.8) が成り立つ． □

命題 3.14 確率変数 X の分散は次式で計算できる．

$$\mathbf{V}[X] = \mathbf{E}\left[X^2\right] - \mathbf{E}[X]^2.$$

証明． 命題 3.13 を用いて

$$\begin{aligned}
\mathbf{V}[X] &= \mathbf{E}\left[X^2 - 2X\mathbf{E}[X] + \mathbf{E}[X]^2\right] \\
&= \mathbf{E}\left[X^2\right] - \mathbf{E}\left[2X\mathbf{E}[X]\right] + \mathbf{E}\left[\mathbf{E}[X]^2\right] \\
&= \mathbf{E}\left[X^2\right] - 2\mathbf{E}[X]\mathbf{E}[X] + \mathbf{E}[X]^2 \\
&= \mathbf{E}\left[X^2\right] - \mathbf{E}[X]^2.
\end{aligned}$$
□

命題 3.15 確率空間 $(\Omega, \mathfrak{P}(\Omega), P)$ 上で定義された確率変数 $X_1, \cdots, X_n : \Omega \to \mathbb{R}$ と定数 $c_1, \cdots, c_n \in \mathbb{R}$ について，もし $X_1, \cdots, X_n$ が独立ならば

$$\mathbf{E}[X_1 \times \cdots \times X_n] = \mathbf{E}[X_1] \times \cdots \times \mathbf{E}[X_n], \tag{3.9}$$

$$\mathbf{V}[c_1 X_1 + \cdots + c_n X_n] = c_1^2 \mathbf{V}[X_1] + \cdots + c_n^2 \mathbf{V}[X_n] \tag{3.10}$$

が成り立つ．

証明． X_i のとり得る値が $\{a_{ij} \,|\, j = 1, \cdots, s_i\}$，$i = 1, \cdots, n$，のとき，命題 3.12 より

$$\mathbf{E}[X_1 \times \cdots \times X_n]$$
$$= \sum_{j_1=1}^{s_1} \cdots \sum_{j_n=1}^{s_n} a_{1j_1} \times \cdots \times a_{nj_n} P(X_1 = a_{1j_1}, \cdots, X_n = a_{nj_n})$$
$$= \sum_{j_1=1}^{s_1} \cdots \sum_{j_n=1}^{s_n} a_{1j_1} \times \cdots \times a_{nj_n} P(X_1 = a_{1j_1}) \times \cdots \times P(X_n = a_{nj_n})$$
$$= \sum_{j_1=1}^{s_1} a_{1j_1} P(X_1 = a_{1j_1}) \times \cdots \times \sum_{j_n=1}^{s_n} a_{nj_n} P(X_n = a_{nj_n})$$
$$= \mathbf{E}[X_1] \times \cdots \times \mathbf{E}[X_n],$$

となって (3.9) が従う．また，

$$\mathbf{V}[c_1 X_1 + \cdots + c_n X_n]$$
$$= \mathbf{E}\left[(c_1 X_1 + \cdots + c_n X_n - \mathbf{E}[c_1 X_1 + \cdots + c_n X_n])^2\right]$$
$$= \mathbf{E}\left[(c_1(X_1 - \mathbf{E}[X_1]) + \cdots + c_n(X_n - \mathbf{E}[X_n]))^2\right]$$
$$= \sum_{i=1}^n c_i^2 \mathbf{E}\left[(X_i - \mathbf{E}[X_i])^2\right] + \sum_{i \neq j} c_i c_j \mathbf{E}\left[(X_i - \mathbf{E}[X_i])(X_j - \mathbf{E}[X_j])\right]$$
$$= \sum_{i=1}^n c_i^2 \mathbf{V}[X_i] + \sum_{i \neq j} c_i c_j \mathbf{E}\left[(X_i - \mathbf{E}[X_i])(X_j - \mathbf{E}[X_j])\right].$$

ここで $i \neq j$ のとき X_i と X_j が独立であることから，$X_i - \mathbf{E}[X_i]$ と $X_j - \mathbf{E}[X_j]$ は独立である．それで

$$\mathbf{E}[(X_i - \mathbf{E}[X_i])(X_j - \mathbf{E}[X_j])] = \mathbf{E}[(X_i - \mathbf{E}[X_i])]\mathbf{E}[(X_j - \mathbf{E}[X_j])]$$
$$= 0 \times 0 = 0.$$

したがって (3.10) が成り立つ. □

注意 3.16 (3.10) が成り立つためには「$X_1, \cdots, X_n$ が独立」という仮定はいささか過剰であって,「$i \neq j$ のとき X_i と X_j が独立」(**対独立**という) で十分である. たとえば注意 3.6 において, 事象 A, B, C のそれぞれの定義関数 $\mathbf{1}_A, \mathbf{1}_B, \mathbf{1}_C$ は独立ではないが対独立な確率変数である.

3.2.2 チェビシェフの不等式

一般に, 任意の非負確率変数 $X \geqq 0$ に対して, 不等式

$$P(X \geqq a) \leqq \frac{\mathbf{E}[X]}{a}, \quad a > 0 \tag{3.11}$$

が成り立つ. これを**マルコフの不等式**という. 実際, X が $\{a_1, a_2, \cdots, a_s\}$, $a_i \geqq 0$, の値をとるとすると, 命題 3.12 より

$$\begin{aligned}
\mathbf{E}[X] &= \sum_{i=1}^{s} a_i P(X = a_i) \\
&= \sum_{i\,:\,0 \leqq a_i < a} a_i P(X = a_i) + \sum_{i\,:\,a_i \geqq a} a_i P(X = a_i) \\
&\geqq \sum_{i\,:\,a_i \geqq a} a_i P(X = a_i) \\
&\geqq a \sum_{i\,:\,a_i \geqq a} P(X = a_i) = a P(X \geqq a),
\end{aligned}$$

この両辺を a で割れば (3.11) が導かれる.

補題 3.17 次の不等式 (**チェビシェフの不等式**) が成り立つ.

$$P(|X - \mathbf{E}[X]| \geqq \varepsilon) \leqq \frac{\mathbf{V}[X]}{\varepsilon^2}, \quad \varepsilon > 0.$$

証明. $Y := (X - \mathbf{E}[X])^2$ にマルコフの不等式 (3.11) を適用すると

$$P(|X - \mathbf{E}[X]| \geqq \varepsilon) = P(Y \geqq \varepsilon^2) \leqq \frac{\mathbf{E}[Y]}{\varepsilon^2} = \frac{\mathbf{V}[X]}{\varepsilon^2}. \quad \square$$

各 $n \in \mathbb{N}_+$ ごとに確率空間 $(\Omega_n, \mathfrak{P}(\Omega_n), \mu_n)$ とその上で定義された i.i.d. 確率変数列 $X_{n,1}, X_{n,2}, \cdots, X_{n,n}$ が与えられ, その平均と分散は

$$\mathbf{E}[X_{n,k}] = m_n, \quad \mathbf{V}[X_{n,k}] = \sigma_n^2 \leq \sigma^2, \quad k = 1, \cdots, n$$

で, σ^2 は n によらないとする. このとき命題 3.13 と命題 3.15 により

$$\mathbf{E}\left[\frac{X_{n,1} + \cdots + X_{n,n}}{n}\right] = m_n, \tag{3.12}$$

$$\mathbf{V}\left[\frac{X_{n,1} + \cdots + X_{n,n}}{n}\right] = \frac{\sigma_n^2}{n} \leq \frac{\sigma^2}{n} \tag{3.13}$$

である. チェビシェフの不等式 (補題 3.17) を適用すれば

$$\mu_n\left(\left|\frac{X_{n,1} + \cdots + X_{n,n}}{n} - m_n\right| \geq \varepsilon\right) \leq \frac{\sigma^2}{n\varepsilon^2}, \quad \varepsilon > 0.$$

これよりただちに次の定理が従う.

定理 3.18 任意の $\varepsilon > 0$ に対して

$$\lim_{n \to \infty} \mu_n\left(\left|\frac{X_{n,1} + \cdots + X_{n,n}}{n} - m_n\right| \geq \varepsilon\right) = 0$$

が成り立つ.

定理 3.18 のように,「多数の同分布確率変数の相加平均の分布が, それらの個数が限りなく増大するとき, 共通の期待値のいくらでも近くに集中する」ということを主張する定理を総称して**大数の法則**[注4]という.

例 3.19 $(\Omega_n, \mathfrak{P}(\Omega_n), \mu_n) = (\{0,1\}^n, \mathfrak{P}(\{0,1\}^n), P_n)$ であって,

$$X_{n,k}(\omega) := \xi_k(\omega) = \omega_k, \quad \omega = (\omega_1, \cdots, \omega_n) \in \{0,1\}^n, \quad k = 1, \cdots, n$$

の場合に定理 3.18 を適用すれば定理 3.2 が得られる. この場合のチェビシェフの不等式は

$$P_n\left(\left|\frac{\xi_1 + \cdots + \xi_n}{n} - \frac{1}{2}\right| \geq \varepsilon\right) \leq \frac{1}{4n\varepsilon^2}. \tag{3.14}$$

とくに $\varepsilon = 1/2000$, $n = 10^8$ とすれば

$$P_{10^8}\left(\left|\frac{\xi_1 + \cdots + \xi_{10^8}}{10^8} - \frac{1}{2}\right| \geq \frac{1}{2000}\right) \leq \frac{1}{100} \tag{3.15}$$

[注4] 詳しくは定理 3.18 は大数の "弱" 法則とよばれる. 大数の "強" 法則というものもあり, ボレルの正規数定理 (1.16) はその一例である.

となる．(3.7) が無意味な不等式だったことに比べ，こちらは実際的な意味を持つ．

例 3.20 $0 < p < 1$ とする．例 3.10 の確率空間 $(\{0,1\}^n, \mathfrak{P}(\{0,1\}^n), P_n^{(p)})$ 上で座標関数の列 $\{\xi_i\}_{i=1}^n$ は $p \neq 1/2$ のとき n 回の不公平な硬貨投げである．このとき
$$\mathbf{E}[\xi_i] = p, \quad \mathbf{V}[\xi_i] = p(1-p)$$
である．定理 3.18 によれば
$$\lim_{n \to \infty} P_n^{(p)} \left(\left| \frac{\xi_1 + \cdots + \xi_n}{n} - p \right| \geq \varepsilon \right) = 0, \quad \varepsilon > 0$$
が成り立つ．

定理 2.15 (ii)，定理 3.1 および例 3.20 から想像できるように，じつは $n \gg 1$ のとき，確率測度 $P_n^{(p)}$ で測って 1 に近い確率で $\omega \in \{0,1\}^n$ のコルモゴロフ複雑度 $K(\omega)$ はほぼ $nH(p)$ に等しいことが知られている；
$$\lim_{n \to \infty} P_n^{(p)} \left(\left\{ \omega \in \{0,1\}^n \,\middle|\, \left| \frac{K(\omega)}{n} - H(p) \right| \geq \varepsilon \right\} \right) = 0, \quad \varepsilon > 0.$$
$H(p)$ が極端に小さくなければ，$n \gg 1$ のとき $nH(p)$ は巨大な数であり，$K(\omega) \approx nH(p)$ である ω はコンピュータを用いても選出できない．そのような ω は，$p \neq 1/2$ のときは乱数ではないけれども，日常的な感覚ではやはりランダムといってよいであろう．つまり，不公平な硬貨投げによってできる $\{0,1\}$-列も日常的な感覚では高い確率でランダムに見えるだろう．

例 3.21 $2n$ 回の硬貨投げの確率空間 $(\{0,1\}^{2n}, \mathfrak{P}(\{0,1\}^{2n}), P_{2n})$ において確率変数
$$X_k(\omega) := \xi_{2k-1}(\omega) \xi_{2k}(\omega), \quad \omega \in \{0,1\}^{2n}, \quad k = 1, \cdots, n$$
を考える．ここで ξ_k は座標関数である．このとき $\{X_k\}_{k=1}^n$ は独立であり
$$P_{2n}(X_k = 1) = \frac{1}{4}, \quad P_{2n}(X_k = 0) = \frac{3}{4}, \quad k = 1, \cdots, n,$$
すなわち，表の出る確率が $1/4$ の n 回の不公平な硬貨投げである．したがって

例 3.20 により
$$\lim_{n\to\infty} P_{2n}\left(\left|\frac{X_1+\cdots+X_n}{n}-\frac{1}{4}\right|\geqq\varepsilon\right)=0,\quad \varepsilon>0$$
が成り立つ．このことは，公平 ($p=1/2$) な硬貨投げにおいて "表表"($=11$) の現れる相対度数は極限において $1/4$ に近づくことを示している．

コルモゴロフによる確率論の公理 [8] では，三つ組 $(\Omega, \mathfrak{P}(\Omega), P)$ が確率空間の条件を満たす限り，それが偶然現象などと一切関係なくても，P のことを確率とよび，$A\in\mathfrak{P}(\Omega)$ に対して $P(A)$ を A の起こる確率とよぶ．しかし，公理化以前では「確率とは何か」という問いは深刻であって，その解答の中でも「試行の回数に対するある事象 A の起こる回数の割合が，試行の回数が多くなるにつれて一定の値 p に近づくと考えられるとき，この一定の値 p を事象 A の起こる確率という」という "定義" が多くの支持を集めた．これを経験的確率（または統計的確率）という．大数の法則は経験的確率という考え方の数学的論拠を与えている．

3.2.3 クラメール-チェルノフの不等式

ベルヌーイの定理 (定理 3.2) は，不等式 (3.6) または (3.14) を用いて示された．(3.6) は n が小さいうちは非常に粗い不等式だが，$n\to\infty$ のときの右辺の収束の速さが指数関数的であることが分かる．他方，(3.14) は n が小さいうちは (3.6) よりよい評価を与えるが，右辺の収束の速さは $1/n$ 程度であり，$n\gg 1$ のとき (3.6) より粗い評価となる．ここでは，これら二つの不等式をともに改良する一つの不等式 (3.21) を証明する．

マルコフの不等式 (3.11) を確率変数 X の指数関数 e^{tX} に適用すると，任意の $t>0$ について

$$P(X\geqq x)=P\left(e^{tX}\geqq e^{tx}\right)\leqq \frac{\mathbf{E}\left[e^{tX}\right]}{e^{tx}}=M_X(t)\,e^{-tx},\quad x\in\mathbb{R} \qquad (3.16)$$

が成り立つ．ここに

$$M_X(t):=\mathbf{E}\left[e^{tX}\right],\quad t\in\mathbb{R}$$

を X の**積率母関数**という．また $t=0$ の場合も $P(X\geqq x)\leqq M_X(t)\,e^{-tx}$ は

(右辺が 1 に等しいから) 成り立つ. それで (3.16) は, $t \geqq 0$ をうまく選んで右辺をできるだけ小さくすると, それだけ価値の高い不等式になる. すなわち, 領域 $t \geqq 0$ での関数 $M_X(t)\,e^{-tx}$ の最小値 $\min_{t \geqq 0} M_X(t)\,e^{-tx}$ (それは $x \in \mathbb{R}$ の関数) で (3.16) の左辺を評価することができる;

$$P(X \geqq x) \leqq \min_{t \geqq 0} M_X(t)\,e^{-tx}, \quad x \in \mathbb{R}. \tag{3.17}$$

これを**クラメール - チェルノフの不等式**という.

積率母関数はラプラス [23] の発案による. $M_X(t)$ の k 階導関数は

$$M_X^{(k)}(t) := \frac{d^k}{dt^k} \mathbf{E}\left[e^{tX}\right] = \mathbf{E}\left[\frac{d^k}{dt^k} e^{tX}\right] = \mathbf{E}\left[X^k e^{tX}\right]$$

だから $t = 0$ として

$$M_X^{(k)}(0) = \mathbf{E}\left[X^k\right], \quad k \in \mathbb{N}_+ \tag{3.18}$$

を得る. $\mathbf{E}\left[X^k\right]$ を X の k 次の**積率** (または**モーメント**) という. $M_X(t)$ から (3.18) によって次々と k 次の積率を計算することができるので, $M_X(t)$ を "積率を産み出す関数" の意味で積率母関数とよぶのである.

では, クラメール - チェルノフの不等式 (3.17) を i.i.d. 確率変数列の和の場合に適用してみよう.

定理 3.22 確率空間 $(\Omega, \mathfrak{P}(\Omega), P)$ で定義された i.i.d. 確率変数列 $X_1, \cdots, X_n$ に対して

$$P(X_1 + \cdots + X_n \geqq nx) \leqq \exp(-nI(x)), \quad x \in \mathbb{R} \tag{3.19}$$

が成り立つ. ここで [注5]

$$I(x) := \max_{t \geqq 0} \left(tx - \log M_{X_1}(t)\right), \tag{3.20}$$

ただし $\max_{t \geqq 0} u(t)$ は領域 $t \geqq 0$ での関数 $u(t)$ の最大値を表す.

[注5] (3.20) の関数 $I(x)$ は (3.19) の減衰の速さを特徴づけるので**速度関数**とよばれる. また, $M_X(t)$ から $I(x)$ を作る操作は**ルジャンドル変換**とよばれ, 凸解析や解析力学などに登場する.

証明. クラメール-チェルノフの不等式 (3.17) より

$$\begin{aligned}
P(X_1 + \cdots + X_n \geq nx) &\leq \min_{t \geq 0} \mathbf{E}\left[e^{t(X_1 + \cdots + X_n)}\right] e^{-tnx} \\
&= \min_{t \geq 0} \mathbf{E}\left[e^{tX_1} \times \cdots \times e^{tX_n}\right] e^{-tnx} \\
&= \min_{t \geq 0} \mathbf{E}\left[e^{tX_1}\right] \times \cdots \times \mathbf{E}\left[e^{tX_n}\right] e^{-tnx} \\
&= \min_{t \geq 0} M_{X_1}(t)^n e^{-tnx} \\
&= \min_{t \geq 0} \exp\left(-n\left(tx - \log M_{X_1}(t)\right)\right) \\
&= \exp\left(-n \max_{t \geq 0}(tx - \log M_{X_1}(t))\right). \quad \square
\end{aligned}$$

定理 3.22 を n 回の硬貨投げの和 $\xi_1 + \cdots + \xi_n$ の場合に適用してみよう.

$$M_{\xi_1}(t) = e^{t \times 0} \times P_n(\xi_1 = 0) + e^{t \times 1} \times P_n(\xi_1 = 1) = \frac{1}{2}(1 + e^t)$$

だから $I(x)$ を計算するために, x を固定して, t の関数

$$g(t) := tx - \log \frac{1}{2}(1 + e^t), \quad t \geq 0$$

の最大値を求める. ここでは

$$\frac{1}{2} < x < 1$$

の場合を調べよう. まず, $g(0) = 0$, $\lim_{t \to \infty} g(t) = -\infty$ である. $g(t)$ を微分してその増減を調べる.

$$g'(t) = x - \frac{e^t}{1 + e^t} = 0$$

を解けば

$$e^t = \frac{x}{1-x}, \quad t = \log\left(\frac{x}{1-x}\right) > 0.$$

$g''(s) = -e^s/(1 + e^s)^2 < 0$ なので g は上に凸の関数であり, 上式の t は g の最大値を与えることが分かる. それを計算すると

$$I(x) = g\left(\log \frac{x}{1-x}\right)$$
$$= x \log x + (1-x) \log(1-x) + \log 2.$$

ここに (3.1) で定義したエントロピー関数 $H(p)$ の形が現れている.すなわち
$$I(x) = -H(x)\log 2 + \log 2.$$
したがって (3.19) は,いまの場合,
$$P_n(\xi_1 + \cdots + \xi_n \geqq nx) \leqq 2^{-n(1-H(x))}.$$
さて,とくに $x = \frac{1}{2} + \varepsilon$,$0 < \varepsilon < \frac{1}{2}$,の場合を考えると
$$P_n\left(\frac{\xi_1 + \cdots + \xi_n}{n} \geqq \frac{1}{2} + \varepsilon\right) \leqq 2^{-n(1-H(\frac{1}{2}\pm\varepsilon))}.$$
硬貨投げの 0 と 1 を反転すると
$$P_n\left(\frac{\xi_1 + \cdots + \xi_n}{n} \leqq \frac{1}{2} - \varepsilon\right) = P_n\left(\frac{\xi_1 + \cdots + \xi_n}{n} \geqq \frac{1}{2} + \varepsilon\right)$$
が分かるから,最後に
$$P_n\left(\left|\frac{\xi_1 + \cdots + \xi_n}{n} - \frac{1}{2}\right| \geqq \varepsilon\right) \leqq 2 \cdot 2^{-n(1-H(\frac{1}{2}\pm\varepsilon))}. \tag{3.21}$$
これは (3.6) と (3.14) の両方の改良となっている.

例 3.23 (3.21) において $\varepsilon = 1/2000$,$n = 10^8$ とすれば
$$P_{10^8}\left(\left|\frac{\xi_1 + \cdots + \xi_{10^8}}{10^8} - \frac{1}{2}\right| \geqq \frac{1}{2000}\right) \leqq 3.85747 \times 10^{-22}. \tag{3.22}$$
この評価式はチェビシェフの不等式 (3.15) よりはるかに精密である.

注意 3.24 関数 $u(t)$ によっては $\min_{t \geqq 0} u(t)$ あるいは $\max_{t \geqq 0} u(t)$ は存在すると
は限らない.たとえば $u(t) = 1/(1+t)$ とすると前者は存在しない.本書では
これらが存在する場合しか扱わないが,一般にはこのことは注意しなければい
けない.

3.3 ド・モアブル - ラプラスの定理

クラメール - チェルノフの不等式から導かれた不等式 (3.21) はさらにもっと
精密化できる.その究極の姿がこの節で述べるド・モアブル - ラプラスの定理
である.

3.3.1 二項分布

定理 3.25 (二項分布) 例 3.10, 例 3.20 で述べた不公平な硬貨投げの設定を用いる. このとき

$$P_n^{(p)}(\xi_1 + \cdots + \xi_n = k) = {}_n C_k\, p^k (1-p)^{n-k}, \quad k = 0, 1, \cdots, n, \tag{3.23}$$

とくに $p = 1/2$ のときは

$$P_n(\xi_1 + \cdots + \xi_n = k) = {}_n C_k\, 2^{-n}, \quad k = 0, 1, \cdots, n.$$

証明. 積率母関数を用いて示す. 証明には $\{\xi_i\}_{i=1}^n$ の独立性, 同分布性, および二項定理を用いる. まず任意の $t \in \mathbb{R}$ に対して

$$\begin{aligned}
\mathbf{E}\left[e^{t(\xi_1 + \cdots + \xi_n)}\right] &= \mathbf{E}\left[e^{t\xi_1} \times \cdots \times e^{t\xi_n}\right] \\
&= \mathbf{E}\left[e^{t\xi_1}\right] \times \cdots \times \mathbf{E}\left[e^{t\xi_n}\right] \\
&= \mathbf{E}\left[e^{t\xi_1}\right]^n \\
&= \left(e^0 P_n^{(p)}(\xi_1 = 0) + e^t P_n^{(p)}(\xi_1 = 1)\right)^n \\
&= \left((1-p) + e^t p\right)^n \\
&= \sum_{k=0}^n {}_n C_k \left(e^t p\right)^k (1-p)^{n-k} \\
&= \sum_{k=0}^n {}_n C_k\, p^k (1-p)^{n-k} e^{tk}.
\end{aligned}$$

一方,

$$\mathbf{E}\left[e^{t(\xi_1 + \cdots + \xi_n)}\right] = \sum_{k=0}^n e^{tk} P_n^{(p)}(\xi_1 + \cdots + \xi_n = k).$$

双方の e^{tk} の係数を比較して (3.23) を得る. $\square$

図 3.3 は $p = 1/2$ の場合に $\xi_1 + \cdots + \xi_n$ ($n = 30, 100$) の分布をヒストグラム (柱状グラフ) で表したものである. ヒストグラムを構成する各々の長方形 (柱) は

$$\left[k - \frac{1}{2}, k + \frac{1}{2}\right) \times [0, {}_n C_k\, 2^{-n}], \quad k = 0, 1, \cdots, n$$

であり (付録：§ A.1.1), k 番目の長方形の面積は $P_n(\xi_1 + \cdots + \xi_n = k) = {}_n C_k\, 2^{-n}$ である. $n+1$ 個すべての長方形の面積の和は 1 である.

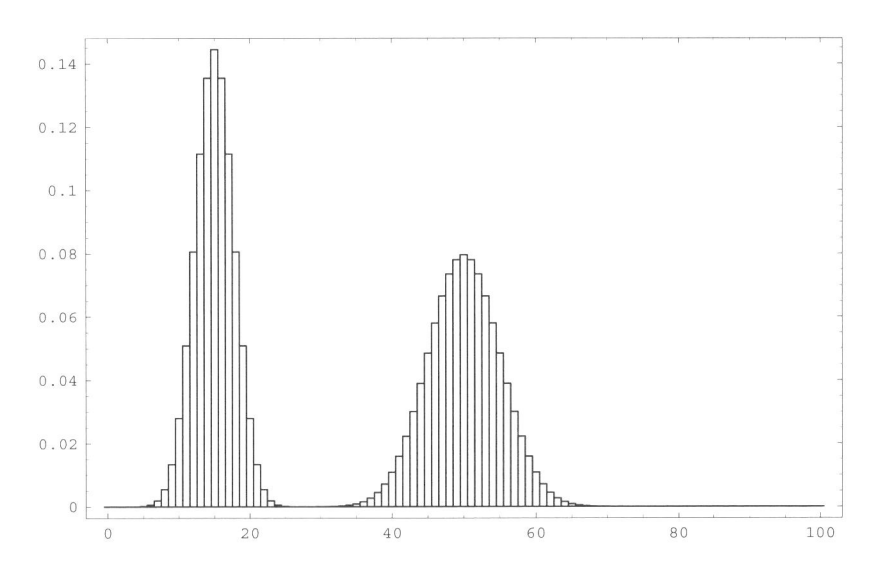

図 **3.3** 二項分布のヒストグラム (左 $n=30$, 右 $n=100$)

3.3.2 発見的考察

$p=1/2$ の場合, $\mathbf{E}[\xi_i]=1/2$, $\mathbf{V}[\xi_i]=1/4$ なので (3.12) と (3.13) から,

$$\mathbf{E}\left[\xi_1+\cdots+\xi_n\right]=\frac{n}{2}, \qquad \mathbf{V}\left[\xi_1+\cdots+\xi_n\right]=\frac{n}{4}$$

である.これより,$\alpha>0$ に対して

$$Y_n(\alpha):=\frac{(\xi_1-\frac{1}{2})+\cdots+(\xi_n-\frac{1}{2})}{n^\alpha}$$

とおくとき,$\mathbf{E}[Y_n(\alpha)]=0$, $\mathbf{V}[Y_n(\alpha)]=1/(4n^{2\alpha-1})$ であることが分かる.とくに $\alpha>1/2$ であれば $\lim_{n\to\infty}\mathbf{V}[Y_n(\alpha)]=0$ であるから,チェビシェフの不等式より

$$P_n\left(|Y_n(\alpha)|\geqq\varepsilon\right)\leqq\frac{1}{4n^{2\alpha-1}\varepsilon^2}\to 0, \quad n\to\infty$$

が成り立つ ($\alpha=1$ のときはベルヌーイの定理).

では $\alpha=1/2$ の場合はどうであろうか.$Y_n(1/2)$ を少し修正して

$$Z_n := \frac{(\xi_1 - \frac{1}{2}) + \cdots + (\xi_n - \frac{1}{2})}{\frac{1}{2}\sqrt{n}} \tag{3.24}$$

とおく．このとき $\mathbf{E}[Z_n] = 0$, $\mathbf{V}[Z_n] = 1$ となる．一般に，確率変数 X に対して

$$\frac{X - \mathbf{E}[X]}{\sqrt{\mathbf{V}[X]}}$$

の平均は 0, 分散は 1 となる．これを X の**標準化** (または正規化, 規格化) という．

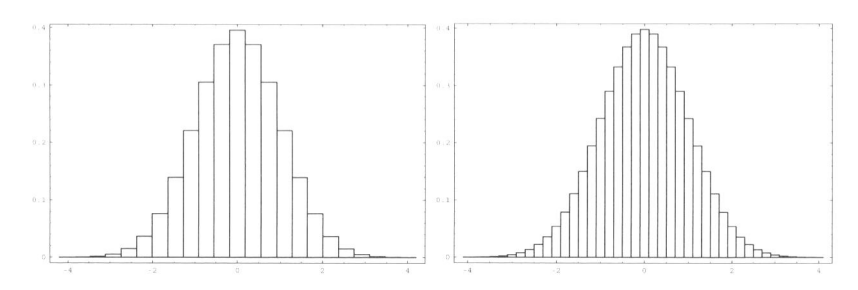

図 3.4 Z_n の分布のヒストグラム (左 $n = 30$, 右 $n = 100$)

Z_n の分布のヒストグラム (図 3.4) は $n \to \infty$ のとき，滑らかな関数のグラフに近づいていくように見受けられる．厳密さは少し犠牲にして発見的にその関数を求めてみよう．

ある $r = 0, 1, \cdots, n$ に対して

$$x = \frac{r - \frac{n}{2}}{\frac{1}{2}\sqrt{n}} \tag{3.25}$$

の形をした x について $Z_n = x$ となる確率は

$$P_n(Z_n = x) = {}_n\mathrm{C}_r\, 2^{-n}$$

である．座標 x の上に立つヒストグラムの柱の面積は確率 $P_n(Z_n = x)$ であり，柱の幅は $1/(\frac{1}{2}\sqrt{n})$ であるから，x における高さ $f_n(x)$ は

$$f_n(x) = P_n(Z_n = x) \div \frac{1}{\frac{1}{2}\sqrt{n}} = {}_n\mathrm{C}_r\, 2^{-n} \cdot \frac{1}{2}\sqrt{n} \tag{3.26}$$

である．さて，次のような比を考える．

$$\frac{f_n(x) - f_n\left(x - \frac{1}{\frac{1}{2}\sqrt{n}}\right)}{\frac{1}{\frac{1}{2}\sqrt{n}}} \div f_n(x). \tag{3.27}$$

もし f_n が $n \to \infty$ のとき滑らかな関数 f に収束していると仮定すると

$$(3.27) \longrightarrow \frac{f'(x)}{f(x)}, \qquad n \to \infty \tag{3.28}$$

となるであろう．(3.26) を使って (3.27) を計算すると

$$\left(1 - \frac{f_n\left(x - \frac{1}{\frac{1}{2}\sqrt{n}}\right)}{f_n(x)}\right) \frac{1}{2}\sqrt{n} = \left(1 - \frac{{}_nC_{r-1}\, 2^{-n}}{{}_nC_r\, 2^{-n}}\right) \frac{1}{2}\sqrt{n}$$

$$= \left(1 - \frac{r}{n-r+1}\right) \frac{1}{2}\sqrt{n}$$

$$= \frac{n-2r+1}{n-r+1} \cdot \frac{1}{2}\sqrt{n},$$

ここで (3.25) より $r = \frac{1}{2}\sqrt{n}x + \frac{n}{2}$ なので

$$= \frac{n - (\sqrt{n}x + n) + 1}{n - \frac{1}{2}(\sqrt{n}x + n) + 1} \cdot \frac{1}{2}\sqrt{n}$$

$$= \frac{-nx + \sqrt{n}}{n - \sqrt{n}x + 2} \longrightarrow -x, \qquad n \to \infty.$$

このことと (3.28) から

$$\frac{f'(x)}{f(x)} = -x$$

という関係式 (微分方程式) が得られる．両辺を積分すれば

$$\log f(x) = -\frac{x^2}{2} + C \qquad (C \text{ は積分定数})$$

すなわち

$$f(x) = \exp\left(-\frac{x^2}{2} + C\right) = e^C \exp\left(-\frac{x^2}{2}\right).$$

定数 e^C は (3.25) と (3.26) より

$$e^C = f(0) = \lim_{n\to\infty} f_{2n}(0)$$
$$= \lim_{n\to\infty} {}_{2n}C_n \, 2^{-2n} \cdot \frac{1}{2}\sqrt{2n}$$

であるが，後述のウォリスの公式 (系 3.32) より，$e^C = 1/\sqrt{2\pi}$ であることが分かる．すなわち

$$f(x) = \frac{1}{\sqrt{2\pi}} \exp\left(-\frac{x^2}{2}\right). \tag{3.29}$$

これは標準正規分布の密度関数である (図 3.5)．

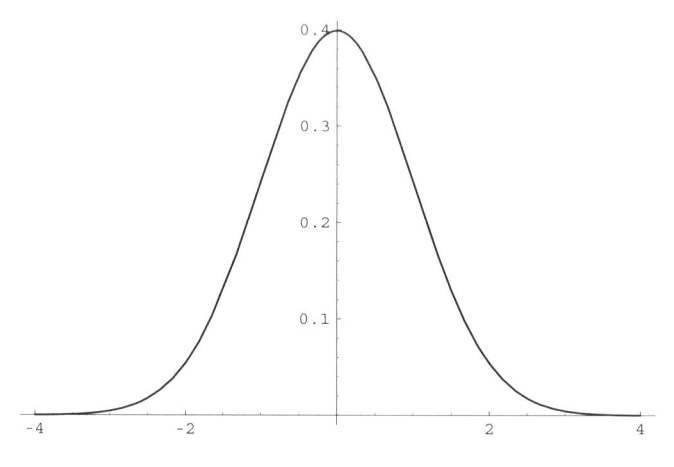

図 **3.5** $\frac{1}{\sqrt{2\pi}} \exp\left(-\frac{x^2}{2}\right)$ のグラフ

以上の議論では (3.28) の推論に確かな根拠がない．しかし実際，次のド・モアブル‐ラプラスの定理[注6] が成り立つ．

定理 3.26 Z_n を (3.24) のように標準化された n 回の硬貨投げの和とする．このとき，任意の実数 $A < B$ に対して

$$\lim_{n\to\infty} P_n(A \leqq Z_n \leqq B) = \int_A^B \frac{1}{\sqrt{2\pi}} \exp\left(-\frac{x^2}{2}\right) dx.$$

[注6] ド・モアブル‐ラプラスの定理は不公平な硬貨投げの場合 (例 3.40) も含むので，ここで紹介するのはその特別な場合である．

定理 3.26 の証明は §3.3.4 で行う．

3.3.3 テイラーの公式とスターリングの公式

ド・モアブル‐ラプラスの定理を証明するために，微分積分における基本的な二つの公式を導入する．

定理 3.27 (テイラーの公式)　f が $a, b \in \mathbb{R}$ を含む区間で n 回微分可能のとき

$$\begin{aligned}
f(b) &= f(a) + (b-a)f'(a) + \frac{(b-a)^2}{2!}f''(a) + \cdots + \frac{(b-a)^{n-1}}{(n-1)!}f^{(n-1)}(a) \\
&\quad + \int_a^b \frac{(b-s)^{n-1}}{(n-1)!} f^{(n)}(s)ds \\
&= \sum_{k=0}^{n-1} \frac{(b-a)^k}{k!} f^{(k)}(a) + \int_a^b \frac{(b-s)^{n-1}}{(n-1)!} f^{(n)}(s)ds. \quad (3.30)
\end{aligned}$$

ここで $f^{(k)}$ は f の k 階導関数 (f の k 回微分, $f^{(0)}$ は f 自身) を表す．

証明． 微分と積分の基本的関係 [注7]

$$f(b) = f(a) + \int_a^b f'(s)ds$$

は $n = 1$ のときのテイラーの公式に外ならない．部分積分によって

$$\begin{aligned}
f(b) &= f(a) + \int_a^b (-(b-s)')f'(s)ds \\
&= f(a) + [-(b-s)f'(s)]_{s=a}^{s=b} - \int_a^b (-(b-s))f''(s)ds \\
&= f(a) + (b-a)f'(a) + \int_a^b (b-s)f''(s)ds. \quad (3.31)
\end{aligned}$$

これは $n = 2$ のときのテイラーの公式である．さらに部分積分によって変形すると

$$\int_a^b (b-s)f''(s)ds = \int_a^b \left(-\frac{(b-s)^2}{2}\right)' f''(s)ds$$

[注7] この関係は高校数学では定積分の定義に外ならないが，大学の数学では定積分を別途定義し，この関係は"微分積分の基本定理"として証明される．

$$= \left[-\frac{(b-s)^2}{2}f''(s)\right]_{s=a}^{s=b} + \int_a^b \frac{(b-s)^2}{2}f'''(s)ds$$

$$= \frac{(b-a)^2}{2}f''(a) + \int_a^b \frac{(b-s)^2}{2}f'''(s)ds$$

だから，これを (3.31) に代入すれば $n=3$ のときのテイラーの公式

$$f(b) = f(a) + (b-a)f'(a) + \frac{(b-a)^2}{2}f''(a) + \int_a^b \frac{(b-s)^2}{2}f'''(s)ds \quad (3.32)$$

を得る．以下，同様に部分積分を繰り返せばよい． □

例 3.28 (i) 関数 $f(x) = \log(1+x)$，$-1 < x$，において $a=0$, $b=x$ として，$n=3$ のときのテイラーの公式 (3.32) を適用すると

$$\log(1+x) = x - \frac{1}{2}x^2 + \int_0^x \frac{(x-s)^2}{(1+s)^3}ds. \quad (3.33)$$

これを少し変形すると，$a > 0$ に対し

$$\log(a+x) = \log a + \frac{x}{a} - \frac{1}{2}\left(\frac{x}{a}\right)^2 + \int_0^{\frac{x}{a}} \frac{(\frac{x}{a}-s)^2}{(1+s)^3}ds, \quad -a < x. \quad (3.34)$$

が成り立つことが分かる．

(ii) 関数 $f(x) = e^x$ において $a=0$, $b=x$ として，$n=3$ のときのテイラーの公式 (3.32) を適用すると

$$e^x = 1 + x + \frac{1}{2}x^2 + \int_0^x \frac{(x-s)^2}{2}e^s ds. \quad (3.35)$$

高校で 2 次関数を徹底的に学習する．その知識を生かして一般の関数 f を 2 次関数で近似して議論すると有効なことがきわめて多い．$n=3$ のときのテイラーの公式 (3.32) は，まさにそのような場合であって，たとえば $|x| \ll 1$ のとき，(3.33) と (3.35) における積分項はきわめて小さくなり，次の近似式が成り立つ．

$$\log(1+x) \approx x - \frac{1}{2}x^2,$$

$$e^x \approx 1 + x + \frac{1}{2}x^2.$$

この意味でテイラーの公式 (3.30) の積分項は**剰余項**とよばれる [注8].

剰余項は $n \gg 1$ とすることで小さくなることがある．たとえば

$$e^x = 1 + x + \frac{x^2}{2!} + \cdots + \frac{x^n}{n!} + \int_0^x \frac{(x-s)^n}{n!} e^s ds, \quad x \in \mathbb{R}$$

であるが，このときの剰余項の絶対値は，すべての $x \in \mathbb{R}$ に対して

$$\left| \int_0^x \frac{(x-s)^n}{n!} e^s ds \right| \leq \left| \int_0^x \frac{|x-s|^n}{n!} \max\{e^x, e^0\} ds \right|$$

$$\leq \max\{e^x, 1\} \left| \int_0^x \frac{|x|^n}{n!} ds \right|$$

$$= \max\{e^x, 1\} |x| \frac{|x|^n}{n!} \to 0, \quad n \to \infty.$$

なお，最後の収束については付録：命題 A.17 を見よ．剰余項が 0 に収束することは，すべての $x \in \mathbb{R}$ について

$$1 + x + \frac{x^2}{2!} + \cdots + \frac{x^n}{n!} \to e^x, \quad n \to \infty$$

が成り立つことを意味する．

注意 3.29 上の段落で見たような積分に関連する不等式がこれから再三再四登場する．基本的にそれらは次の不等式の応用である．

$$\left| \int_A^B f(t) dt \right| \leq \left| \int_A^B |f(t)| dt \right| \leq |A - B| \times \max_{\min\{A,B\} \leq t \leq \max\{A,B\}} |f(t)|.$$

スターリングの公式とは次の極限式をいう．

定理 3.30 $n \to \infty$ のとき

$$n! \sim \sqrt{2\pi} \, n^{n+\frac{1}{2}} e^{-n}. \tag{3.36}$$

ここに，"$\sim$" は両辺の比が 1 に収束することを表す．

[注8] テイラーの公式は剰余項を高階導関数を用いて表す流儀もあり，普通，そちらを大学初年で学ぶ．

例 3.31 $10000!$ の近似値をスターリングの公式によって計算すると
$$\sqrt{2\pi}\, 10000^{10000+\frac{1}{2}} e^{-10000} = 2.84623596219 \times 10^{35659}.$$
真値は $2.84625968091 \times 10^{35659}$ なので，近似値 / 真値 $= 0.999992$ である．

スターリングの公式は，二項分布を詳しく計算するときなどに必要となる．たとえば次の**ウォリスの公式**はスターリングの公式からただちに従う．

系 3.32
$$\lim_{n\to\infty} {}_{2n}\mathrm{C}_n\, 2^{-2n} \cdot \frac{1}{2}\sqrt{2n} = \frac{1}{\sqrt{2\pi}}.$$

証明． スターリングの公式により，$n \to \infty$ のとき
$$\begin{aligned}
{}_{2n}\mathrm{C}_n\, 2^{-2n} \cdot \frac{1}{2}\sqrt{2n} &= \frac{(2n)!}{(n!)^2} \cdot 2^{-2n} \cdot \frac{1}{2}\sqrt{2n} \\
&\sim \frac{\sqrt{2\pi}\,(2n)^{2n+\frac{1}{2}} e^{-2n}}{\left(\sqrt{2\pi}\, n^{n+\frac{1}{2}} e^{-n}\right)^2} \cdot 2^{-2n} \cdot \frac{1}{2}\sqrt{2n} \\
&= \frac{1}{\sqrt{2\pi}}.
\end{aligned}$$
□

スターリングの公式をラプラス [23] の方法で証明しよう．

補題 3.33 ((第二種) オイラー積分)[注9]
$$n! = \int_0^\infty x^n e^{-x} dx, \quad n = 1, 2, \cdots. \tag{3.37}$$

証明． 数学的帰納法で示す．まず $n=1$ のときに (3.37) が正しいことを示そう．$R > 0$ に対して部分積分によって
$$\begin{aligned}
\int_0^R x e^{-x} dx &= [x(-e^{-x})]_0^R - \int_0^R (x)'(-e^{-x}) dx \\
&= -Re^{-R} + \int_0^R e^{-x} dx
\end{aligned}$$

[注9] (3.37) の右辺の広義積分は n が整数でない場合にも意味がある．すなわち $\Gamma(s+1) := \int_0^\infty x^s e^{-x} dx$ は一般の $s > 0$ に対して"階乗"を定義しているが，それを**ガンマ関数**という．

$$= -Re^{-R} + [-e^{-x}]_0^R$$
$$= -Re^{-R} - e^{-R} + 1.$$

最後の辺は，付録：命題 A.16 (i) によって，$R \to \infty$ のとき 1 に収束する．すなわち

$$\int_0^\infty xe^{-x}dx = 1$$

となって $n=1$ のときは (3.37) は正しい．

次に $n=k$ のときに (3.37) が正しいと仮定して $n=k+1$ のときに (3.37) を示す．$R>0$ に対して部分積分によって

$$\int_0^R x^{k+1}e^{-x}dx = \left[x^{k+1}(-e^{-x})\right]_0^R - \int_0^R (k+1)x^k(-e^{-x})dx$$
$$= -R^{k+1}e^{-R} + (k+1)\int_0^R x^k e^{-x}dx.$$

ここで最後の辺の第一項は再び付録：命題 A.16 (i) によって $R \to \infty$ のとき 0 に収束する．一方，第二項は数学的帰納法の仮定により $(k+1)k! = (k+1)!$ に収束する．よって

$$\int_0^\infty x^{k+1}e^{-x}dx = (k+1)!$$

である．以上で補題は示された． □

一見，$n!$ の方が (3.37) の右辺の積分より簡単な形をしているが，詳しく調べるためには，じつは積分の方が手掛かりが多くて $n!$ よりずっと都合がよい．

では，(3.37) の右辺の積分を変形していこう．

$$\int_0^\infty x^n e^{-x}dx = \int_0^\infty \exp\left(n\log x - x\right)dx$$
$$= \int_0^\infty \exp\left(n\left(\log x - \frac{x}{n}\right)\right)dx,$$

ここで変数変換 $t = x/n$ による置換積分を行うと

$$n! = n^{n+1}\int_0^\infty \exp\left(n\left(\log t - t\right)\right)dt. \tag{3.38}$$

そこで関数
$$f(t) := \log t - t, \quad t > 0$$
について詳しく調べる.

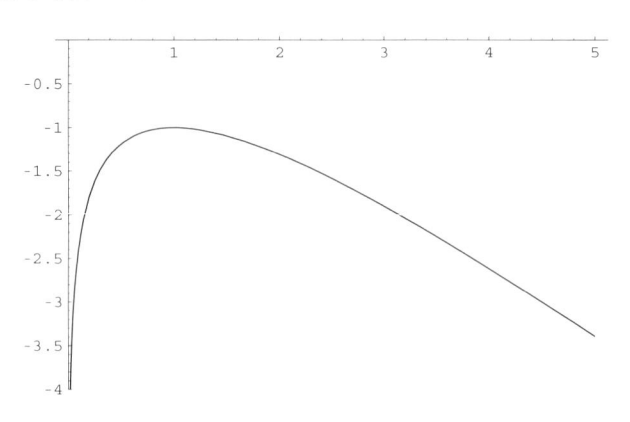

図 3.6 $f(t)$ のグラフ

まず, 微分して極値を調べる.
$$f'(t) = \frac{1}{t} - 1 = 0$$
を解けば f は $t = 1$ で唯一の極値 $f(1) = -1$ をとることが分かる. $f''(t) = -1/t^2 < 0$ だからグラフは上に凸 (図 3.6) なので, その極値は最大値である.

次の補題 3.34 をはじめて見る者は, 皆, 驚くだろう.

補題 3.34 任意の $0 < \delta < 1$ に対して (注意 3.3)
$$\int_0^\infty \exp\left(nf(t)\right) dt \sim \int_{1-\delta}^{1+\delta} \exp\left(nf(t)\right) dt, \quad n \to \infty.$$
すなわち, $n \gg 1$ のとき左辺の積分値は f の最大値を与える $t = 1$ の近傍の積分でほとんど決定される.

証明. 関数 $g(t)$ を次で定義する.

$$g(t) := \begin{cases} \dfrac{-1-f(1-\delta)}{\delta}(t-1)-1 & (0 < t \leqq 1), \\ \dfrac{f(1+\delta)+1}{\delta}(t-1)-1 & (1 < t). \end{cases}$$

$g(t)$ のグラフは f のグラフ上の 3 点 $(1-\delta, f(1-\delta))$, $(1,-1)$, $(1+\delta, f(1+\delta))$ を通る折れ線である (図 3.7).

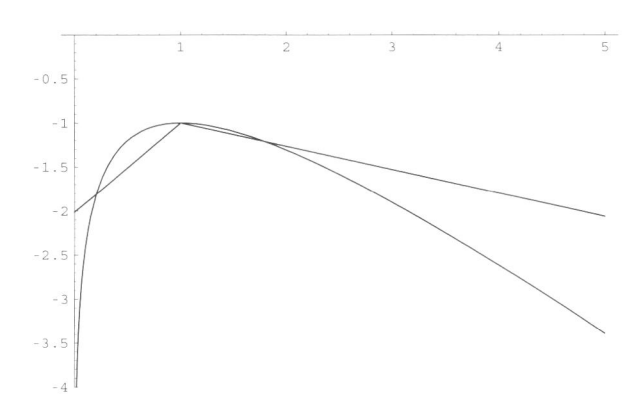

図 3.7 $g(t)$ のグラフ ($\delta = 4/5$, 折れ線)

f は上に凸なので

$$g(t) \begin{cases} > f(t) & (0 < t < 1-\delta), \\ \leqq f(t) & (1-\delta \leqq t \leqq 1+\delta), \\ > f(t) & (1+\delta < t). \end{cases}$$

したがって

$$\frac{\int_{t>0\,;\,|t-1|>\delta} \exp(nf(t))\,dt}{\int_{1-\delta}^{1+\delta} \exp(nf(t))\,dt} \leqq \frac{\int_{t>0\,;\,|t-1|>\delta} \exp(ng(t))\,dt}{\int_{1-\delta}^{1+\delta} \exp(ng(t))\,dt}, \tag{3.39}$$

ここで $\int_{t>0\,;\,|t-1|>\delta}$ は集合 $\{t>0\} \cap \{|t-1|>\delta\}$ 上の積分 $\int_0^{1-\delta} + \int_{1+\delta}^{\infty}$ を表す.

$g(t)$ が折れ線なので (3.39) の右辺は計算ができる．まず，$0 < t \leq 1$ の領域では $g(t)$ の傾きを

$$a := \frac{-1 - f(1-\delta)}{\delta} > 0$$

とおけば，$n \to \infty$ のとき

$$\frac{\int_0^{1-\delta} \exp(ng(t))\,dt}{\int_{1-\delta}^{1+\delta} \exp(ng(t))\,dt} \leq \frac{\int_{-\infty}^{1-\delta} \exp(ng(t))\,dt}{\int_{1-\delta}^1 \exp(ng(t))\,dt}$$

$$= \frac{\int_{-\infty}^{1-\delta} \exp(n(a(t-1)-1))\,dt}{\int_{1-\delta}^1 \exp(n(a(t-1)-1))\,dt}$$

$$= \frac{\dfrac{1}{na} e^{-n} \exp(-na\delta)}{\dfrac{1}{na} e^{-n}(1 - \exp(-na\delta))}$$

$$= \frac{\exp(-na\delta)}{1 - \exp(-na\delta)} \longrightarrow 0. \tag{3.40}$$

同様に $1 < t$ の領域では $g(t)$ の傾きを

$$a' := \frac{f(1+\delta) + 1}{\delta} < 0$$

とおけば，$n \to \infty$ のとき

$$\frac{\int_{1+\delta}^{\infty} \exp(ng(t))\,dt}{\int_{1-\delta}^{1+\delta} \exp(ng(t))\,dt} \leq \frac{\int_{1+\delta}^{\infty} \exp(ng(t))\,dt}{\int_1^{1+\delta} \exp(ng(t))\,dt}$$

$$= \frac{\exp(na'\delta)}{1 - \exp(na'\delta)} \longrightarrow 0. \tag{3.41}$$

以上から (3.39) の右辺は (したがって左辺も) $n \to \infty$ のとき 0 に収束する．ゆえに

$$\frac{\int_0^\infty \exp\left(nf(t)\right) dt}{\int_{1-\delta}^{1+\delta} \exp\left(nf(t)\right) dt}$$

$$= \frac{\int_{1-\delta}^{1+\delta} \exp\left(nf(t)\right) dt + \int_{t>0\,;\,|t-1|>\delta} \exp\left(nf(t)\right) dt}{\int_{1-\delta}^{1+\delta} \exp\left(nf(t)\right) dt}$$

$$= 1 + \frac{\int_{t>0\,;\,|t-1|>\delta} \exp\left(nf(t)\right) dt}{\int_{1-\delta}^{1+\delta} \exp\left(nf(t)\right) dt} \longrightarrow 1, \quad n \to \infty.$$

以上で補題 3.34 が示された. □

(3.38) と補題 3.34 から

$$n! \sim n^{n+1} \int_{1-\delta}^{1+\delta} \exp\left(nf(t)\right) dt, \quad n \to \infty \tag{3.42}$$

であることが分かる. さらに,上の証明を詳しく見れば $\delta > 0$ を n の増加に伴って減少して 0 に収束する正の数列 $\{\delta(n)\}_{n=1}^\infty$ に置き換えても,なお (3.42) は成り立つ可能性があることが分かる. 実際,たとえば

$$\delta(n) := n^{-1/4}, \quad n = 2, 3, \cdots$$

としても

$$n! \sim n^{n+1} \int_{1-\delta(n)}^{1+\delta(n)} \exp\left(nf(t)\right) dt, \quad n \to \infty \tag{3.43}$$

が成り立つ.

(3.43) を証明しよう. そのためには (3.40) と (3.41) より

$$\lim_{n\to\infty} \exp(-na\delta(n)) = 0, \quad \lim_{n\to\infty} \exp(na'\delta(n)) = 0$$

を示せばよい. これらはそれぞれ a と a' の定義から

$$\lim_{n\to\infty} n\left(1 + f(1-\delta(n))\right) = -\infty, \quad \lim_{n\to\infty} n\left(1 + f(1+\delta(n))\right) = -\infty$$

を示せばよい. さらに $f(t) = \log t - t$, $\delta(n) = n^{-1/4}$ より

$$\lim_{n\to\infty} n\left(\log(1 - n^{-1/4}) + n^{-1/4}\right) = -\infty, \tag{3.44}$$

$$\lim_{n\to\infty} n\left(\log(1 + n^{-1/4}) - n^{-1/4}\right) = -\infty \tag{3.45}$$

を示せばよい. まず (3.44) は (3.33) から

$$n\left(\log(1 - n^{-1/4}) + n^{-1/4}\right)$$
$$= n\left(-\frac{1}{2}\left(-n^{-1/4}\right)^2 - \int_{-n^{-1/4}}^{0} \frac{\left(-n^{-1/4} - s\right)^2}{(1+s)^3} ds\right)$$
$$< -\frac{1}{2} n^{1/2} \to -\infty, \quad n \to \infty.$$

また (3.45) は

$$n\left(\log(1 + n^{-1/4}) - n^{-1/4}\right) = n\left(-\frac{1}{2}\left(n^{-1/4}\right)^2 + \int_0^{n^{-1/4}} \frac{\left(n^{-1/4} - s\right)^2}{(1+s)^3} ds\right)$$
$$\leqq n\left(-\frac{1}{2}\left(n^{-1/4}\right)^2 + \int_0^{n^{-1/4}} \frac{\left(n^{-1/4}\right)^2}{1} ds\right)$$
$$= -\frac{1}{2} n^{1/2} + n^{1/4} \to -\infty, \quad n \to \infty.$$

以上で (3.43) が示された.

テイラーの公式 (3.31) を $f(t)$ に適用すれば, $f(1) = -1$, $f'(1) = 0$, そして $f''(s) = -1/s^2$ だから

$$f(t) = f(1) + (t-1)f'(1) + \int_1^t (t-s)f''(s)ds$$
$$= -1 - \int_1^t \frac{t-s}{s^2} ds.$$

(3.43) より, スターリングの公式を証明するには $1 - \delta(n) \leqq t \leqq 1 + \delta(n)$ における $f(t)$ の挙動を調べれば十分である. この範囲では

$$-1 - \int_1^t \frac{t-s}{(1-\delta(n))^2} ds \leqq f(t) \leqq -1 - \int_1^t \frac{t-s}{(1+\delta(n))^2} ds,$$

が成り立つ. 計算すると

$$-1 - \frac{(t-1)^2}{2(1-\delta(n))^2} \leqq f(t) \leqq -1 - \frac{(t-1)^2}{2(1+\delta(n))^2}$$

である．$b_\pm(n) := \sqrt{2}(1 \pm \delta(n))$ (複号同順) とすれば，$n \to \infty$ のとき $b_\pm(n) \to \sqrt{2}$ であり，そして

$$e^{-n} \int_{1-\delta(n)}^{1+\delta(n)} \exp\left(-\frac{n(t-1)^2}{b_-(n)^2}\right) dt \leqq \int_{1-\delta(n)}^{1+\delta(n)} e^{nf(t)} dt$$
$$\leqq e^{-n} \int_{1-\delta(n)}^{1+\delta(n)} \exp\left(-\frac{n(t-1)^2}{b_+(n)^2}\right) dt.$$

すべての辺に e^n を掛けて

$$\int_{1-\delta(n)}^{1+\delta(n)} \exp\left(-\frac{n(t-1)^2}{b_-(n)^2}\right) dt \leqq e^n \int_{1-\delta(n)}^{1+\delta(n)} e^{nf(t)} dt$$
$$\leqq \int_{1-\delta(n)}^{1+\delta(n)} \exp\left(-\frac{n(t-1)^2}{b_+(n)^2}\right) dt, \quad (3.46)$$

変数変換 $u = \sqrt{n}(t-1)/b_\pm(n)$ による置換積分によって

$$\sqrt{n} \int_{1-\delta(n)}^{1+\delta(n)} \exp\left(-n\left(\frac{t-1}{b_\pm(n)}\right)^2\right) dt = b_\pm(n) \int_{-\sqrt{n}\delta(n)/b_\pm(n)}^{\sqrt{n}\delta(n)/b_\pm(n)} e^{-u^2} du.$$

ここで $n \to \infty$ のとき $\sqrt{n}\delta(n)/b_\pm(n) = n^{1/4}/b_\pm(n) \to \infty$ なので，上式の右辺は

$$\longrightarrow \sqrt{2} \int_{-\infty}^{\infty} e^{-u^2} du = \sqrt{2\pi}, \quad n \to \infty$$

となる (注意 3.35)．このことと (3.46) から挟み撃ちの原理によって

$$\sqrt{n} e^n \int_{1-\delta(n)}^{1+\delta(n)} e^{nf(t)} dt \to \sqrt{2\pi}, \quad n \to \infty$$

であることが分かる．したがって (3.43) から

$$\sqrt{n} e^n \frac{n!}{n^{n+1}} \to \sqrt{2\pi}, \quad n \to \infty.$$

これからただちにスターリングの公式 (3.36) が従う． □

注意 3.35 広義積分

$$\int_{-\infty}^{\infty} \exp\left(-u^2\right) du = \sqrt{\pi}$$

あるいはこれと同等な

$$\int_{-\infty}^{\infty} \frac{1}{\sqrt{2\pi}} \exp\left(-\frac{u^2}{2}\right) du = 1$$

は**ガウス積分**とよばれ，数学，物理学などで頻繁に現れる．ガウス積分の値の計算は大学初年の理工系数学の目標の一つで，ほとんどの微分積分の教科書に掲載されている．

3.3.4　ド・モアブル - ラプラスの定理の証明

次の補題がド・モアブル - ラプラスの定理の証明の要(かなめ)である．

補題 3.36　A, B $(A < B)$ を任意の二つの実数とする．$n \in \mathbb{N}$ と $k \in \mathbb{N}$ が

$$\frac{1}{2}n + \frac{A}{2}\sqrt{n} \leqq k \leqq \frac{1}{2}n + \frac{B}{2}\sqrt{n} \tag{3.47}$$

の関係を満たしながら $n, k \to \infty$ となる状況を考える．このとき

$$b(k; n) := {}_n\mathrm{C}_k \, 2^{-n} = \frac{1}{\sqrt{\frac{1}{2}\pi n}} \exp\left(-\frac{(k - \frac{1}{2}n)^2}{\frac{1}{2}n}\right)(1 + r_n(k)) \tag{3.48}$$

とおくと $r_n(k)$ は次を満たす．

$$\max_{k \,;\, (3.47)} |r_n(k)| \to 0, \quad n \to \infty, \tag{3.49}$$

ここに，$\max\limits_{k \,;\, (3.47)}$ は n を固定し k を条件 (3.47) を満たすように動かしたときの最大値を表す．

証明.[注10]　スターリングの公式 (3.36) より，

$$n! = \sqrt{2\pi} n^{n+\frac{1}{2}} e^{-n}(1 + \eta_n) \tag{3.50}$$

注10) この補題の証明は難しい．付録：§ A.3 を読んでから挑戦するとよい．

とおけば, $\eta_n \to 0$, $n \to \infty$, である. 次が成り立つ (付録: 命題 A.11);

$$\max_{k\,;\,(3.47)} |\eta_k| \to 0, \quad n \to \infty. \tag{3.51}$$

(3.50) を $b(k;n) = {}_nC_k\, 2^{-n} = n!/((n-k)!k!) \cdot 2^{-n}$ に代入して整理すれば

$$b(k;n) = \frac{1}{\sqrt{2\pi n \cdot \frac{k}{n}\left(\frac{n-k}{n}\right)}} \left(\frac{k}{n}\right)^{-k} \left(\frac{n-k}{n}\right)^{-n+k} 2^{-n} \frac{1+\eta_n}{(1+\eta_k)(1+\eta_{n-k})}.$$

$n \to \infty$ のとき

$$\max_{k\,;\,(3.47)} \left|\frac{k}{n} - \frac{1}{2}\right| = \max_{k\,;\,(3.47)} \left|\frac{n-k}{n} - \frac{1}{2}\right| = \frac{\max\{|A|,|B|\}}{2\sqrt{n}} \to 0. \tag{3.52}$$

そこで

$$b(k;n) = \frac{1}{\sqrt{\frac{1}{2}\pi n}} \left(\frac{k}{n}\right)^{-k} \left(\frac{n-k}{n}\right)^{-n+k} 2^{-n} (1+r_{n,k})$$

とおくと, (3.51) と (3.52) より [注11]

$$\max_{k\,;\,(3.47)} |r_{n,k}| \to 0, \quad n \to \infty. \tag{3.53}$$

指数関数を用いて書くと

$$b(k;n) = \frac{1}{\sqrt{\frac{1}{2}\pi n}} \exp\left(T_{n,k}\right)(1+r_{n,k}),$$

ただし

$$T_{n,k} := -k \log \frac{k}{n} - (n-k) \log \frac{n-k}{n} + n \log \frac{1}{2}.$$

補題を示すには

$$z := \frac{k - \frac{1}{2}n}{\frac{1}{2}\sqrt{n}}$$

とおいて $T_{n,k}$ と $-z^2/2$ との差を詳しく調べればよい. そこで $T_{n,k}$ を z を用いて表すと

$$T_{n,k} = -T_{n,k}^{(1)} - T_{n,k}^{(2)} + n \log \frac{1}{2},$$

[注11] (3.53) の証明には多変数関数の連続性の知識が必要 (付録: § A.3.3 参照).

ただし

$$T_{n,k}^{(1)} := k\log\left(\frac{1}{2} + \frac{1}{2}z\sqrt{\frac{1}{n}}\right), \quad T_{n,k}^{(2)} := (n-k)\log\left(\frac{1}{2} - \frac{1}{2}z\sqrt{\frac{1}{n}}\right).$$

さて，(3.34) を用いて ($a = \frac{1}{2}$, $x = \frac{1}{2}z\sqrt{\frac{1}{n}}$ として) $T_{n,k}^{(1)}$ を変形すると

$$T_{n,k}^{(1)} := k\log\frac{1}{2} + kz\sqrt{\frac{1}{n}} - \frac{k}{2}\cdot\frac{z^2}{n} + k\int_0^{z\sqrt{\frac{1}{n}}} \frac{\left(z\sqrt{\frac{1}{n}} - s\right)^2}{(1+s)^3}ds$$

ここで最後の積分項を $\delta_{n,k}$ とおけば (注意 3.29)

$$|\delta_{n,k}| \leq k\left|\int_0^{z\sqrt{\frac{1}{n}}} \frac{\left(z\sqrt{\frac{1}{n}}\right)^2}{\left(1 - \left|z\sqrt{\frac{1}{n}}\right|\right)^3}ds\right|$$

$$= k\left|z\sqrt{\frac{1}{n}}\right|^3 \left(1 - \left|z\sqrt{\frac{1}{n}}\right|\right)^{-3}$$

$$= \frac{k}{n}|z|^3\sqrt{\frac{1}{n}}\left(1 - \left|z\sqrt{\frac{1}{n}}\right|\right)^{-3} \tag{3.54}$$

条件 (3.47) の下では $|z| \leq C := \max\{|A|, |B|\}$ だから，

$$\max_{k\,;\,(3.47)} |\delta_{n,k}| \leq \frac{(\frac{1}{2}n + \frac{1}{2}B\sqrt{n})}{n} C^3 \sqrt{\frac{1}{n}}\left(1 - C\sqrt{\frac{1}{n}}\right)^{-3} \to 0, \quad n \to \infty.$$

同様に (3.34) を用いて ($a = \frac{1}{2}$, $x = -\frac{1}{2}z\sqrt{\frac{1}{n}}$ として) $T_{n,k}^{(2)}$ を変形すると

$$T_{n,k}^{(2)} := (n-k)\log\frac{1}{2} - (n-k)z\sqrt{\frac{1}{n}} - \frac{n-k}{2}\cdot\frac{z^2}{n}$$

$$+ (n-k)\int_0^{-z\sqrt{\frac{1}{n}}} \frac{\left(-z\sqrt{\frac{1}{n}} - s\right)^2}{(1+s)^3}ds$$

ここで最後の積分項を $\delta'_{n,k}$ とおけば，この場合も

$$\max_{k\,;\,(3.47)} |\delta'_{n,k}| \to 0, \quad n \to \infty.$$

そこで $\delta''_{n,k} := -\delta_{n,k} - \delta'_{n,k}$ とすれば

$$T_{n,k} = -\left(k\log\frac{1}{2} + kz\sqrt{\frac{1}{n}} - \frac{k}{2}\cdot\frac{z^2}{n} + \delta_{n,k}\right)$$
$$\quad - \left((n-k)\log\frac{1}{2} - (n-k)z\sqrt{\frac{1}{n}} - \frac{n-k}{2}\cdot\frac{z^2}{n} + \delta'_{n,k}\right)$$
$$\quad + n\log\frac{1}{2}$$
$$= (n-2k)z\sqrt{\frac{1}{n}} + \frac{z^2}{2} + \delta''_{n,k}$$

ここで $k = \frac{1}{2}z\sqrt{n} + \frac{1}{2}n$ を代入すれば

$$T_{n,k} = -\frac{z^2}{2} + \delta''_{n,k}$$

であり，

$$\max_{k\,;\,(3.47)} |\delta''_{n,k}| \to 0, \quad n \to \infty. \tag{3.55}$$

以上をまとめると

$$b(k;n) = \frac{1}{\sqrt{\frac{1}{2}\pi n}} \exp\left(T_{n,k}\right)(1 + r_{n,k})$$
$$= \frac{1}{\sqrt{\frac{1}{2}\pi n}} \exp\left(-\frac{z^2}{2} + \delta''_{n,k}\right)(1 + r_{n,k})$$
$$= \frac{1}{\sqrt{\frac{1}{2}\pi n}} \exp\left(-\frac{(k-\frac{1}{2}n)^2}{\frac{1}{2}n} + \delta''_{n,k}\right)(1 + r_{n,k}).$$

一方，(3.48) より

$$r_n(k) = \frac{b(k;n)}{\dfrac{1}{\sqrt{\frac{1}{2}\pi n}} \exp\left(-\dfrac{(k-\frac{1}{2}n)^2}{\frac{1}{2}n}\right)} - 1$$

だから

$$r_n(k) = \exp\left(\delta''_{n,k}\right)(1 + r_{n,k}) - 1.$$

これと，(3.53), (3.55) より (3.49) が従う [注12]． □

[注12] (3.49) の証明には多変数関数の連続性の知識が必要 (付録：§ A.3.3 参照).

定理 3.26 の証明. 定理 3.25 と補題 3.36 によれば

$$P_n(A \leqq Z_n \leqq B) = P_n\left(\frac{n}{2} + \frac{A}{2}\sqrt{n} \leqq \xi_1 + \cdots + \xi_n \leqq \frac{n}{2} + \frac{B}{2}\sqrt{n}\right)$$

$$= \sum_{k\,;\,(3.47)} b(k;n)$$

$$= \sum_{k\,;\,(3.47)} \frac{1}{\sqrt{\frac{1}{2}\pi n}} \exp\left(-\frac{(k-\frac{1}{2}n)^2}{\frac{1}{2}n}\right)(1+r_n(k)),$$

ここに $\sum_{k\,;\,(3.47)}$ は n を固定し条件 (3.47) を満たす k について和をとることを表す. 各 $k \in \mathbb{N}_+$ に対して

$$z_k := \frac{k - \frac{1}{2}n}{\frac{1}{2}\sqrt{n}}$$

とおけば, 隣り合う z_k の間隔は $1/(\frac{1}{2}\sqrt{n})$ であることを考えて

$$P_n(A \leqq Z_n \leqq B) = \frac{1}{\frac{1}{2}\sqrt{n}} \sum_{A \leqq z_k \leqq B} \frac{1}{\sqrt{2\pi}} \exp\left(-\frac{z_k^2}{2}\right)(1+r_n(k))$$

$$= \frac{1}{\frac{1}{2}\sqrt{n}} \sum_{A \leqq z_k \leqq B} \frac{1}{\sqrt{2\pi}} \exp\left(-\frac{z_k^2}{2}\right)$$

$$+ \frac{1}{\frac{1}{2}\sqrt{n}} \sum_{A \leqq z_k \leqq B} \frac{1}{\sqrt{2\pi}} \exp\left(-\frac{z_k^2}{2}\right) r_n(k)$$

と変形する. 最後の辺の第一項は区分求積法により

$$\lim_{n\to\infty} \frac{1}{\frac{1}{2}\sqrt{n}} \sum_{A \leqq z_k \leqq B} \frac{1}{\sqrt{2\pi}} \exp\left(-\frac{z_k^2}{2}\right) = \int_A^B \frac{1}{\sqrt{2\pi}} \exp\left(-\frac{z^2}{2}\right) dz$$

となる. 第二項は, 第一項の絶対値 $\left|\frac{1}{\frac{1}{2}\sqrt{n}} \sum_{A \leqq z_k \leqq B} \cdots\right|$ が n によらないある定数 $M > 0$ で上から抑えられることから (付録：命題 A.10),

$$\left|\frac{1}{\frac{1}{2}\sqrt{n}} \sum_{A \leqq z_k \leqq B} \frac{1}{\sqrt{2\pi}} \exp\left(-\frac{z_k^2}{2}\right) r_n(k)\right|$$

$$\leqq M \times \max_{k\,;\,(3.47)} |r_n(k)| \to 0, \quad n \to \infty.$$

これでド・モアブル‐ラプラスの定理の証明が完了した. □

例 3.37 ド・モアブル - ラプラスの定理を用いて硬貨投げに関する次の確率の近似値を求めてみよう.

$$P_{100}(\xi_1 + \cdots + \xi_{100} \geq 55) = \sum_{k=55}^{100} {}_{100}C_k \, 2^{-100}. \qquad (3.56)$$

これは硬貨を 100 回投げたとき表が 55 回以上出る確率である. $\xi_1 + \cdots + \xi_{100}$ は $0, \cdots, 100$ の整数値しかとらないが, 図 3.3(右) のヒストグラムで, たとえば $\xi_1 + \cdots + \xi_{100} = 60$ という事象を $59.5 \leq \xi_1 + \cdots + \xi_{100} < 60.5$ と考えたように, (3.56) を

$$P_{100}(\xi_1 + \cdots + \xi_{100} \geq 54.5)$$

と考えてから (**半目の補正**という), ド・モアブル - ラプラスの定理を適用すると近似の精度が上がる. それに従えば (3.56) に対して

$$P_{100}(\xi_1 + \cdots + \xi_{100} \geq 54.5) = P_{100}\left(\frac{\xi_1 + \cdots + \xi_{100} - 50}{\frac{1}{2}\sqrt{100}} \geq \frac{54.5 - 50}{\frac{1}{2}\sqrt{100}}\right)$$

$$= P_{100}\left(\frac{\xi_1 + \cdots + \xi_{100} - 50}{\frac{1}{2}\sqrt{100}} \geq 0.9\right)$$

$$\approx \int_{0.9}^{\infty} \frac{1}{\sqrt{2\pi}} \exp\left(-\frac{x^2}{2}\right) dx = 0.18406$$

という近似値を得る. ちなみに (3.56) の右辺の和を正確に計算すると

$$\sum_{k=55}^{100} {}_{100}C_k \, 2^{-100} = 233375500604595657604761955760 \times 2^{-100}$$

$$= 0.1841008087$$

だから, 近似誤差はわずか 0.00004 である.

例 3.38 半目の補正をしてド・モアブル - ラプラスの定理を適用すれば

$$P_{10^8}\left(\left|\frac{\xi_1 + \cdots + \xi_{10^8}}{10^8} - \frac{1}{2}\right| \geq \frac{1}{2000}\right)$$

$$\approx 2\int_{9.9999}^{\infty} \frac{1}{\sqrt{2\pi}} \exp\left(-\frac{x^2}{2}\right) dx = 1.52551 \times 10^{-23}.$$

これは不等式 (3.22) よりさらに精密である. アボガドロ数が 6.02×10^{23} であることを思い起こせば, この確率がどんなに小さいか想像する助けになるだろ

う．また，同じ事象の確率がチェビシェフの不等式 (3.15) による評価では "≦ 1/100" であった．これからチェビシェフの不等式がいかに粗い不等式か，ということが分かる．しかしながら「だからチェビシェフの不等式は劣等な不等式である」などと早合点してはならない．むしろ，これほどまで粗っぽい不等式でも大数の法則を証明するためには十分であることを見抜いたチェビシェフの慧眼に驚くべきだろう．

読者は覚えているだろうか．定理 3.1 を証明したときに用いた不等式 (3.2) も非常に粗い不等式であったことを．

3.4 中心極限定理

ド・モアブル - ラプラスの定理は硬貨投げに関する定理であったが，同様の主張は一般の i.i.d. 確率変数列に対しても成り立つ．

各 $n \in \mathbb{N}_+$ ごとに確率空間 $(\Omega_n, \mathfrak{P}(\Omega_n), \mu_n)$ とその上で定義された i.i.d. 確率変数列 $X_{n,1}, X_{n,2}, \cdots, X_{n,n}$ が与えられ，平均は

$$\mathbf{E}[X_{n,k}] = m_n$$

とし，さらに n によらない定数 $\sigma^2, R > 0$ が存在して

$$\mathbf{V}[X_{n,k}] = \sigma_n^2 \geqq \sigma^2 > 0, \tag{3.57}$$

$$\max_{\omega \in \Omega_n} |X_{n,k}(\omega) - m_n| \leqq R \tag{3.58}$$

を満たすとする．$X_{n,1} + \cdots + X_{n,n}$ の標準化を考える；

$$Z_n := \frac{(X_{n,1} - m_n) + \cdots + (X_{n,n} - m_n)}{\sqrt{\sigma_n^2 n}}. \tag{3.59}$$

定理 3.39 任意の $A < B$ に対して，次が成り立つ；

$$\lim_{n \to \infty} \mu_n(A \leqq Z_n \leqq B) = \int_A^B \frac{1}{\sqrt{2\pi}} \exp\left(-\frac{x^2}{2}\right) dx.$$

例 3.40 $0 < p < 1$ とする．例 3.10 の確率空間 $(\{0,1\}^n, \mathfrak{P}(\{0,1\}^n), P_n^{(p)})$ 上で座標関数の列 $\{\xi_k\}_{k=1}^n$ は $p \neq 1/2$ のとき n 回の不公平な硬貨投げである．

$\mathbf{E}[\xi_k] = p$, $\mathbf{V}[\xi_k] = p(1-p)$, であるから，定理 3.39 より

$$\lim_{n \to \infty} P_n^{(p)} \left(A \leq \frac{(\xi_1 - p) + \cdots + (\xi_n - p)}{\sqrt{p(1-p)n}} \leq B \right)$$
$$= \int_A^B \frac{1}{\sqrt{2\pi}} \exp\left(-\frac{x^2}{2}\right) dx.$$

定理 3.39 のように，「多数の確率変数の和を標準化したものの分布が，それらの個数が限りなく増大するとき，標準正規分布に収束する」ということを主張する定理を総称して**中心極限定理**という．数ある極限定理の中でもことのほか重要で確率論において"中心"的であることから，そうよばれている (ポーヤによる命名)．定理 3.39 の証明は本書の水準を超える高度な数学が必要なので他書 ([7, 14, 19]) に譲り，ここでは，この定理が正しいに違いないと確信できる程度の説明を述べる．

定理 3.25 の証明が暗示するように，じつは積率母関数は確率変数の分布を決定している．

命題 3.41 X は確率空間 $(\Omega, \mathfrak{P}(\Omega), P)$, Y は確率空間 $(\Omega', \mathfrak{P}(\Omega'), P')$ でそれぞれ定義された確率変数とする．このとき $M_X(t) = M_Y(t)$, $t \in \mathbb{R}$, ならば X と Y は同分布である．

証明． X のとり得るすべての値を $a_1 < \cdots < a_s$ としよう．

$$\lim_{t \to \infty} \frac{1}{t} \log M_X(t)$$
$$= \lim_{t \to \infty} \frac{1}{t} \log \sum_{i=1}^{s} \exp(ta_i) P(X = a_i)$$
$$= \lim_{t \to \infty} \frac{1}{t} \log \left(\exp(ta_s) \sum_{i=1}^{s} \exp(t(a_i - a_s)) P(X = a_i) \right)$$
$$= \lim_{t \to \infty} \left(\frac{1}{t} \log \exp(ta_s) + \frac{1}{t} \log \sum_{i=1}^{s} \exp(t(a_i - a_s)) P(X = a_i) \right)$$
$$= a_s + \lim_{t \to \infty} \frac{1}{t} \log \left(P(X = a_s) + \sum_{i=1}^{s-1} \exp(t(a_i - a_s)) P(X = a_i) \right)$$
$$= a_s$$

である. a_s が求まると

$$\lim_{t \to \infty} M_X(t) \exp(-ta_s)$$
$$= \lim_{t \to \infty} \sum_{i=1}^{s} \exp(t(a_i - a_s)) P(X = a_i)$$
$$= \lim_{t \to \infty} \left(P(X = a_s) + \sum_{i=1}^{s-1} \exp(t(a_i - a_s)) P(X = a_i) \right)$$
$$= P(X = a_s).$$

このようにして $M_X(t)$ から a_s と $P(X = a_s)$ が定まる. 同様のことを

$$M_X(t) - \exp(ta_s) P(X = a_s)$$

について行えば a_{s-1} と $P(X = a_{s-1})$ が定まる. 以下, これを繰り返せば $M_X(t)$ から X の分布が求まる. とくに $M_X(t) = M_Y(t)$, $t \in \mathbb{R}$, ならば X と Y は同じ分布に従う. □

さて, n 回の硬貨投げ $\{\xi_i\}_{i=1}^{n}$ の標準化された和 (3.24) の積率母関数を計算して $n \to \infty$ のときの挙動を観察してみよう.

$$\mathbf{E}\left[\exp\left(t \cdot \frac{(\xi_1 - \frac{1}{2}) + \cdots + (\xi_n - \frac{1}{2})}{\frac{1}{2}\sqrt{n}} \right) \right]$$
$$= \mathbf{E}\left[\exp\left(t \cdot \frac{\xi_1 - \frac{1}{2}}{\frac{1}{2}\sqrt{n}} \right) \times \cdots \times \exp\left(t \cdot \frac{\xi_n - \frac{1}{2}}{\frac{1}{2}\sqrt{n}} \right) \right]$$
$$= \mathbf{E}\left[\exp\left(t \cdot \frac{\xi_1 - \frac{1}{2}}{\frac{1}{2}\sqrt{n}} \right) \right] \times \cdots \times \mathbf{E}\left[\exp\left(t \cdot \frac{\xi_n - \frac{1}{2}}{\frac{1}{2}\sqrt{n}} \right) \right]$$
$$= \mathbf{E}\left[\exp\left(t \cdot \frac{\xi_1 - \frac{1}{2}}{\frac{1}{2}\sqrt{n}} \right) \right]^n$$
$$= \left(\frac{1}{2} \cdot \exp\left(-\frac{t}{\sqrt{n}} \right) + \frac{1}{2} \cdot \exp\left(\frac{t}{\sqrt{n}} \right) \right)^n$$
$$= \left(1 + \frac{1}{2} \left(\exp\left(\frac{t}{2\sqrt{n}} \right) - \exp\left(-\frac{t}{2\sqrt{n}} \right) \right)^2 \right)^n$$
$$= \left(1 + \frac{c_n(t)}{n} \right)^n, \tag{3.60}$$

ここで

$$c_n(t) := \frac{n}{2}\left(\exp\left(\frac{t}{2\sqrt{n}}\right) - \exp\left(-\frac{t}{2\sqrt{n}}\right)\right)^2 \to \frac{t^2}{2}, \quad n \to \infty. \tag{3.61}$$

この収束にはいろいろな証明が可能だが，ここではテイラーの公式 (3.31)

$$e^x = 1 + x + \int_0^x (x-s)e^s ds, \quad x \in \mathbb{R}$$

を用いよう．これによれば $|x| \ll 1$ のとき，$e^x \approx 1 + x$ であるから，

$$c_n(t) \approx \frac{n}{2}\left(\left(1 + \frac{t}{2\sqrt{n}}\right) - \left(1 - \frac{t}{2\sqrt{n}}\right)\right)^2 = \frac{n}{2}\left(\frac{t}{\sqrt{n}}\right)^2 = \frac{t^2}{2}.$$

(3.61) を示すには剰余項が $n \to \infty$ のときに 0 に収束することを示さなければならないが，それは (3.54) のときと同様にできるから読者に任せよう．

最後に，(3.60) と (3.61) から次の補題 3.42 によって，各 $t \in \mathbb{R}$ に対して

$$\mathbf{E}\left[\exp\left(t \cdot \frac{(\xi_1 - \frac{1}{2}) + \cdots + (\xi_n - \frac{1}{2})}{\frac{1}{2}\sqrt{n}}\right)\right] \to \exp\left(\frac{t^2}{2}\right), \quad n \to \infty. \tag{3.62}$$

補題 3.42 実数列 $\{c_n\}_{n=1}^\infty$ が $c \in \mathbb{R}$ に収束するとき

$$\lim_{n \to \infty}\left(1 + \frac{c_n}{n}\right)^n = e^c.$$

証明． $c_n/n \to 0$, $n \to \infty$, だから，十分大きな n の場合を考えて $|c_n/n| < 1$ と仮定してよい．(3.33) より (3.54) を導いた評価を用いて次を得る．

$$\left|n\log\left(1 + \frac{c_n}{n}\right) - c\right| \leqq \left|n\log\left(1 + \frac{c_n}{n}\right) - c_n\right| + |c_n - c|$$

$$= n\left|-\frac{1}{2}\left(\frac{c_n}{n}\right)^2 + \int_0^{c_n/n} \frac{(\frac{c_n}{n} - t)^2}{(1+t)^3}dt\right| + |c_n - c|$$

$$\leqq \frac{c_n^2}{2n} + n\left|\int_0^{c_n/n} \frac{|\frac{c_n}{n}|^2}{(1 - |\frac{c_n}{n}|)^3}dt\right| + |c_n - c|$$

$$= \frac{c_n^2}{2n} + n \cdot \left|\frac{c_n}{n}\right|\frac{|\frac{c_n}{n}|^2}{(1 - |\frac{c_n}{n}|)^3} + |c_n - c|$$

$$= \frac{c_n^2}{2n} + |c_n|\frac{|\frac{c_n}{n}|^2}{(1 - |\frac{c_n}{n}|)^3} + |c_n - c| \to 0, \quad n \to 0.$$

したがって
$$\lim_{n\to\infty} n\log\left(1+\frac{c_n}{n}\right) = c.$$
指数関数の連続性により
$$\lim_{n\to\infty}\left(1+\frac{c_n}{n}\right)^n = \lim_{n\to\infty}\exp\left(n\log\left(1+\frac{c_n}{n}\right)\right)$$
$$= \exp\left(\lim_{n\to\infty} n\log\left(1+\frac{c_n}{n}\right)\right) = e^c. \qquad \square$$

(3.62) の極限として現れた関数 $\exp(t^2/2)$ は，じつは次の補題に示されるように標準正規分布の密度関数 (3.29) と深い関係がある．

補題 3.43 各 $t \in \mathbb{R}$ に対して
$$\int_{-\infty}^{\infty} e^{tx} \cdot \frac{1}{\sqrt{2\pi}} \exp\left(-\frac{x^2}{2}\right) dx = \exp\left(\frac{t^2}{2}\right).$$

証明． 指数部分の "x の 2 次関数" を平方完成する；
$$\int_{-\infty}^{\infty} e^{tx} \cdot \frac{1}{\sqrt{2\pi}} \exp\left(-\frac{x^2}{2}\right) dx$$
$$= \int_{-\infty}^{\infty} \frac{1}{\sqrt{2\pi}} \exp\left(tx - \frac{1}{2}x^2\right) dx$$
$$= \int_{-\infty}^{\infty} \frac{1}{\sqrt{2\pi}} \exp\left(-\frac{1}{2}(x-t)^2 + \frac{1}{2}t^2\right) dx$$
$$= \int_{-\infty}^{\infty} \frac{1}{\sqrt{2\pi}} \exp\left(-\frac{(x-t)^2}{2}\right) dx \cdot \exp\left(\frac{t^2}{2}\right)$$
$$= \int_{-\infty}^{\infty} \frac{1}{\sqrt{2\pi}} \exp\left(-\frac{x^2}{2}\right) dx \cdot \exp\left(\frac{t^2}{2}\right)$$
注意 3.35 により
$$= \exp\left(\frac{t^2}{2}\right). \qquad \square$$

命題 3.41，極限式 (3.62)，そして補題 3.43 を考え合わせて，定理 3.39 の証明の代わりに，ここでは (3.59) で定義された Z_n の積率母関数について
$$\lim_{n\to\infty} M_{Z_n}(t) = \exp\left(\frac{t^2}{2}\right), \quad t \in \mathbb{R}$$

を示すことで満足することにしよう．硬貨投げの場合と同様の計算をする；

$$M_{Z_n}(t) = \mathbf{E}\left[\exp\left(t \cdot \frac{(X_{n,1}-m_n)+\cdots+(X_{n,n}-m_n)}{\sqrt{\sigma_n^2 n}}\right)\right]$$
$$= \mathbf{E}\left[\exp\left(t \cdot \frac{X_{n,1}-m_n}{\sqrt{\sigma_n^2 n}}\right)\right]^n.$$

テイラーの公式 (3.35) によって

$$\mathbf{E}\left[\exp\left(t \cdot \frac{X_{n,1}-m_n}{\sqrt{\sigma_n^2 n}}\right)\right]$$
$$= \mathbf{E}\left[1 + t \cdot \frac{X_{n,1}-m_n}{\sqrt{\sigma_n^2 n}} + \frac{t^2}{2} \cdot \frac{(X_{n,1}-m_n)^2}{\sigma_n^2 n} + \frac{r(n,t)}{n}\right]$$
$$= 1 + \frac{t^2}{2}\mathbf{E}\left[\frac{(X_{n,1}-m_n)^2}{\sigma_n^2 n}\right] + \mathbf{E}\left[\frac{r(n,t)}{n}\right]$$
$$= 1 + \frac{t^2}{2n} + \frac{\mathbf{E}\left[r(n,t)\right]}{n},$$

ただし剰余項 $r(n,t)$ は

$$r(n,t) = n\int_0^{t \cdot \frac{X_{n,1}-m_n}{\sqrt{\sigma_n^2 n}}} \frac{\left(t \cdot \frac{X_{n,1}-m_n}{\sqrt{\sigma_n^2 n}} - s\right)^2}{2} e^s ds$$

であり，その平均を (3.57)(3.58) を用いて評価すると

$$|\mathbf{E}\left[r(n,t)\right]|$$
$$\leqq \mathbf{E}\left[n \cdot \left|t \cdot \frac{X_{n,1}-m_n}{\sqrt{\sigma_n^2 n}}\right| \cdot \frac{\left|t \cdot \frac{X_{n,1}-m_n}{\sqrt{\sigma_n^2 n}}\right|^2}{2} \cdot \exp\left(\left|t \cdot \frac{X_{n,1}-m_n}{\sqrt{\sigma_n^2 n}}\right|\right)\right]$$
$$\leqq \mathbf{E}\left[n \cdot \frac{|t|^3}{2}\left|\frac{R}{\sqrt{\sigma^2 n}}\right|^3 \exp\left(\left|t \cdot \frac{R}{\sqrt{\sigma^2 n}}\right|\right)\right]$$
$$\leqq \frac{1}{2\sqrt{n}}|t|^3\left(\frac{R}{\sqrt{\sigma^2}}\right)^3 \exp\left(\left|t \cdot \frac{R}{\sqrt{\sigma^2 n}}\right|\right) \to 0, \quad n \to \infty.$$

したがって

$$\mathbf{E}\left[\exp\left(t \cdot \frac{X_{n,1}-m_n}{\sqrt{\sigma_n^2 n}}\right)\right] = 1 + \frac{c_n(t)}{n},$$
$$c_n(t) = \frac{t^2}{2} + \mathbf{E}\left[r(n,t)\right] \to \frac{t^2}{2}, \quad n \to \infty.$$

ゆえに補題 3.42 から, $n \to \infty$ のとき

$$M_{Z_n}(t) = \mathbf{E}\left[\exp\left(t \cdot \frac{X_{n,1} - m_n}{\sqrt{\sigma_n^2 n}}\right)\right]^n$$
$$= \left(1 + \frac{c_n(t)}{n}\right)^n \to \exp\left(\frac{t^2}{2}\right). \qquad \square$$

3.5 数理統計学

3.5.1 推定

数理統計学における極限定理の応用を取り上げよう．まずは，**推定**の問題である．推定はデータからそれに見合った確率モデル，すなわち確率空間やその他の確率論的な設定，を作成するための指針を提供する．次の例題を考えよう[注13]．

> **例題 II** 1000 個の画鋲を平らな床に投げたところ，400 個が針を上に向けた．このことから一つの画鋲を投げたとき針が上を向く確率 p を推定せよ．

例題 II を不公平な硬貨投げ，つまり例 3.10, 例 3.20 で取り上げた確率空間 $(\{0,1\}^n, \mathfrak{P}(\{0,1\}^n), P_n^{(p)})$ を用いて考える．例題 II の状況では $n = 1000\,(=$ 標本の大きさ) である．$0 < p < 1$ は求めるべき未知の確率である．座標関数 $\xi_i : \{0,1\}^{1000} \to \{0,1\}$ は第 i 番目の画鋲の状態 (上を向く ($= 1$) あるいは下を向く ($= 0$)) を表す．

$$S := \xi_1 + \cdots + \xi_{1000}$$

とすれば S は 1000 個のうち上を向いた画鋲の数である．実験は数学的には一つの $\hat{\omega}$ を $\{0,1\}^{1000}$ から選ぶという作業を意味する．そして実験の結果は

$$S(\hat{\omega}) = \xi_1(\hat{\omega}) + \cdots + \xi_{1000}(\hat{\omega}) = 400$$

であったというわけである．

$\mathbf{E}[S] = 1000p,\ \mathbf{V}[S] = 1000p(1-p)$ だから，チェビシェフの不等式より

[注13] ここで扱うのは "母比率の区間推定" とよばれるものである．詳しくは [20] などを見よ．

$$P_{1000}^{(p)}\left(\left|\frac{S}{1000}-p\right|\geqq\varepsilon\right)=P_{1000}^{(p)}\left(|S-1000p|\geqq 1000\varepsilon\right)$$
$$\leqq \frac{\mathbf{V}[S]}{(1000\varepsilon)^2}=\frac{p(1-p)}{1000\varepsilon^2}\leqq\frac{1}{4000\varepsilon^2}.$$

ここで $\varepsilon:=\sqrt{10}/20=0.158$ とすれば

$$P_{1000}^{(p)}\left(\left|\frac{S}{1000}-p\right|\geqq 0.158\right)\leqq\frac{1}{100}.$$

したがって

$$P_{1000}^{(p)}\left(\left|\frac{S}{1000}-p\right|<0.158\right)\geqq\frac{99}{100}.$$

左辺の $P_{1000}^{(p)}(\ )$ の中の p について解くと

$$\frac{S}{1000}-0.158<p<\frac{S}{1000}+0.158$$

である確率が 0.99 より大きいことが分かる．いま，$S(\hat{\omega})=400$ はこの事象が起こった場合の結果である，と考える．すると

$$\frac{400}{1000}-0.158<p<\frac{400}{1000}+0.158,$$

つまり

$$0.242<p<0.558$$

を得る．チェビシェフの不等式は粗い不等式なので，この評価式はそれほどよくない．

中心極限定理 (例 3.40) を適用すればもっと精密な評価式を得ることができる；

$$P_{1000}^{(p)}\left(\left|\frac{S-1000p}{\sqrt{1000p(1-p)}}\right|\geqq z\right)\approx 2\int_z^\infty\frac{1}{\sqrt{2\pi}}\exp\left(-\frac{x^2}{2}\right)dx, \quad z>0.$$

ここで $0<\alpha<1/2$ に対して

$$2\int_z^\infty\frac{1}{\sqrt{2\pi}}\exp\left(-\frac{x^2}{2}\right)dx=\alpha$$

を満たす $z>0$ を $z(\alpha)$ と書き，標準正規分布の両側 $100\times\alpha\%$ 点という (図 3.8)．
すると，いま

$$P_{1000}^{(p)}\left(\left|\frac{S-1000p}{\sqrt{1000p(1-p)}}\right|<z(\alpha)\right)\approx 1-\alpha$$

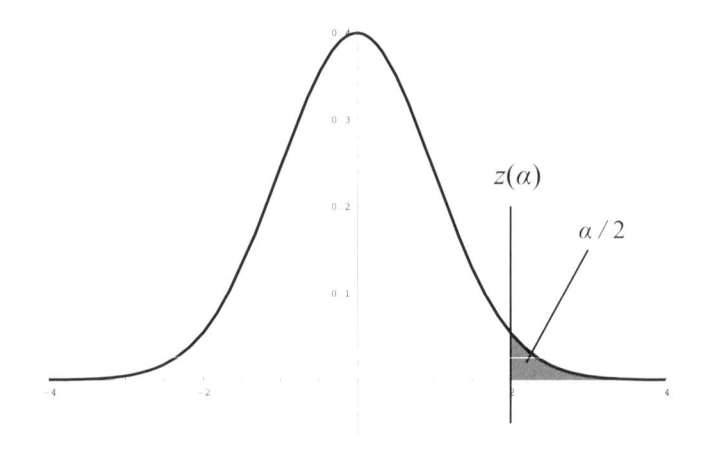

図 **3.8** 標準正規分布の両側 $100 \times \alpha\%$ 点

である．これより，左辺の $P_{1000}^{(p)}(\ )$ の中の分子の p について解くと，

$$\frac{S}{1000} - z(\alpha)\sqrt{\frac{p(1-p)}{1000}} < p < \frac{S}{1000} + z(\alpha)\sqrt{\frac{p(1-p)}{1000}}$$

である確率は $\approx 1 - \alpha$ であることが分かる．いま，$0 < \alpha \ll 1$ として，先ほどと同様に $S(\hat{\omega}) = 400$ はこの事象が起こった場合の結果である，と考える．すなわち

$$0.4 - z(\alpha)\sqrt{\frac{p(1-p)}{1000}} < p < 0.4 + z(\alpha)\sqrt{\frac{p(1-p)}{1000}}$$

であると判断する．p の範囲は上の不等式を解けばよいが，ここでは簡単に p がほぼ 0.4 であること (大数の法則) を利用して

$$0.4 - z(\alpha)\sqrt{\frac{0.4 \times (1-0.4)}{1000}} < p < 0.4 + z(\alpha)\sqrt{\frac{0.4 \times (1-0.4)}{1000}}$$

としてよいだろう．たとえば $\alpha = 0.01$ のとき $z(0.01) = 2.58$ なので，この場合，上の区間は

$$0.36 < p < 0.44$$

となる．以上の結論を「信頼度を $1-\alpha = 99\%$ とするとき，p に関する信頼区間は $0.36 < p < 0.44$ である」というふうに表現する．一般に，信頼度を大きくすると信頼区間は大きくなる．

さて，例題 II を次の形で再提示してみよう．

> **例題 II′** ある地域で，ある番組の視聴率調査のために無作為に 1000 人を選んで尋ねたところ，400 人がその番組を見ていた．このことから視聴率 p を推定せよ．

同じ考え方によって，同じ結論「信頼度を $1-\alpha = 99\%$ とするとき，p に関する信頼区間は $0.36 < p < 0.44$ である」を得ることができる．

3.5.2 検定

検定は確率モデル，すなわち確率空間やその他の確率論的な設定，が実際のデータと矛盾しないかどうかを判定するための指針を提供する．次の例題を考えよう[注14]．

> **例題 III** ある硬貨を 200 回投げたところ，表が 115 回出た．この硬貨の表の出る確率は 1/2 だとしてよいか．

最初に次の**仮説 H** を立てる．

$$H : \text{その硬貨の表の出る確率は 1/2 である．}$$

仮説 H に基づき，200 回の硬貨投げの確率空間 $(\{0,1\}^{200}, \mathfrak{P}(\{0,1\}^{200}), P_{200})$ と座標関数の列 $\{\xi_i\}_{i=1}^{200}$ を考える．表の出る回数は $S := \xi_1 + \cdots + \xi_{200}$ である．このとき確率

$$P_{200}(|S - 100| \geqq 15)$$

を計算しよう．半目の補正をしてド・モアブル - ラプラスの定理を適用すれば

[注14] ここで扱うのは "母比率の検定" とよばれるものである．詳しくは [20] などを見よ．

$$P_{200}\left(|S-100|\geqq 15\right) = P_{200}\left(\left|\frac{S-100}{\frac{1}{2}\sqrt{200}}\right| \geqq \frac{14.5}{\frac{1}{2}\sqrt{200}}\right)$$

$$\approx 2\int_{14.5/\left(\frac{1}{2}\sqrt{200}\right)}^{\infty} \frac{1}{\sqrt{2\pi}} \exp\left(-\frac{x^2}{2}\right) dx$$

$$= 2\int_{2.05061}^{\infty} \frac{1}{\sqrt{2\pi}} \exp\left(-\frac{x^2}{2}\right) dx$$

$$= 0.040305.$$

したがって，仮説 H の下で，例題 III の事象は確率 0.040305 の事象が起こったことになる．これは滅多に起きないことであるから，仮説 H は正しくない可能性がある．

曖昧さなく議論するために，以下の用語を用いる．$0 < \alpha \ll 1$ を設定し，仮説の下で確率 α 以下の事象が起こったときはその仮説は「**危険率** α で棄却される」という．「棄却される」とは「正しくないと判定される」の意である．そうでないときは仮説は「危険率 α で採択される」という．「採択される」とは「正しくないと判定されない」の意である．一般に，危険率を下げると棄却することがより慎重になされる．これらの用語によれば，例題 III の場合は，危険率 5% で仮説 H は棄却されるし，危険率 1% では仮説 H は採択される．

推定の場合にならって，例題 III を次の形で再提示してみよう．

例題 III′ ある地方で新生児の男女比を調べるため，無作為に 200 人の新生児を選んで調べたところ，男児が 115 人であった．この地域で新生児の男女比は 1:1 だとしてよいか．

同じ考え方によって，同様の結論「危険率 5% とするとき，仮説『この地方で新生児の男女比は 1:1 である』は棄却される」を得ることができる．

第 4 章
モンテカルロ法

　モンテカルロ法は 1940 年代第二次世界大戦中に，ウラムやフォン・ノイマンらがロスアラモス研究所 (アメリカ) の当時発明されたばかりのコンピュータによって核分裂物質中の中性子の拡散の様子を計算するのに用いた[注1]のが，その始まりであるらしい．以来，コンピュータの発達に伴い，モンテカルロ法はあらゆる科学技術領域で大いに活用され多くの成果を挙げてきた．そしてその発展は今後も続くことであろう．

　ここでは，しかし，そうした華々しいモンテカルロ法の応用技術ではなく，モンテカルロ法の基礎について述べる．具体的には § 1.4 で挙げた例題 I を解く過程を通じて，コンピュータによる確率変数のサンプリングに関する理論とその実践について基本を学ぶ．

4.1　賭けとしてのモンテカルロ法

　数学の問題はもちろん確実な方法で解けるに越したことはない．しかし，非常に複雑な問題で確実に解くことが莫大な計算量のために事実上不可能な場合，あるいは詳しい情報が不足しているような場合では確率的ゲーム，つまり賭け，として定式化し，正しい解が求まらないリスクを承知の上で解を推定することが実際的である．モンテカルロ法はまさにそのような場合の一つである．

4.1.1　目的

　モンテカルロ法は以下に述べるような**賭け**である．プレーヤー，アリスの目的は与えられた確率変数の**一般的な値**——典型的な，ごくありふれた，特殊でな

[注1] 原子爆弾製造のために．

い，例外的でない値——をサンプリングすることである．もちろん，それが解決に結び付くようにあらかじめ問題を設定しておく必要がある．サンプリングはアリスの意思で行うが，不運にも一般的でない値，すなわち例外的な値をサンプリングしてしまうことがある．モンテカルロ法では，そのような場合の起こる確率をできるだけ正しく見積もること——リスクの評価——が要請される．

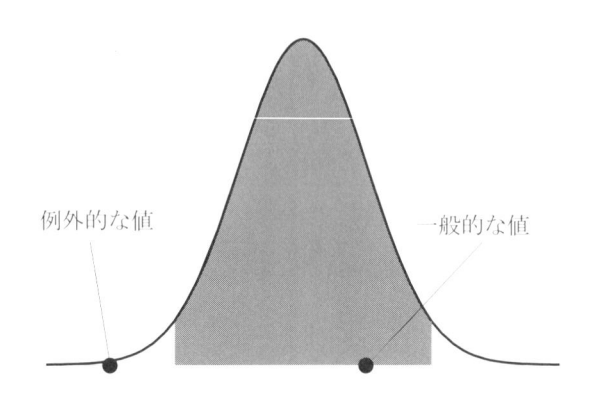

図 4.1　確率変数の分布とその一般的な値 (概念図)

次に非常に小規模な——コンピュータを必要としない——モンテカルロ法の例を示す．

例 4.1　r を未知の整数とする．100 枚のカードがあり，そのうち 99 枚には r が，残りの 1 枚には $r+1$ が，書いてある．アリスはその中から 1 枚だけを選び，r の値はその選んだカードに書かれた数であると推定する．アリスが不運にも r の値を正しく推定し損ねる確率は 1/100 である．

例 4.1 を賭けの形式で述べるならば以下のようになる; アリスの目的は r の書かれたカード (この場合の "一般的な値") を選ぶことである．選んだカードの数が r ならばアリスの勝ち，$r+1$ ならばアリスの負け，である．このとき，アリスの負ける確率は 1/100 である (リスクの評価).

なお，モンテカルロ法ではプレーヤーの目的が達成されたかどうかはサンプリングの後でも分からないことが多い．たとえば例 4.1 では，リスクは正確に

4.1.2 例題 I 再訪

例 4.1 を実行するのには，100 枚のカード以外に何も特別な道具は必要ない．しかし，現実のモンテカルロ法で扱う賭けは大規模であり，優れた計算能力を持つコンピュータが必要である．§1.4 で挙げた例題 I を再録しよう．

例題 I 硬貨投げを 100 回行うとき表が続けて 6 回以上出る確率 p を求めよ．

「硬貨投げを 100 回行う」という試行を独立に N 回繰り返して，そのうち「表が続けて 6 回以上出る」という事象が起った回数を S_N とする．このとき N が十分大きければ大数の法則により S_N/N の値が高い確率で p のよい推定値となる．具体的に $N := 10^6$ として考えてみよう．

例 4.2 10^8 回の硬貨投げの確率空間 $(\{0,1\}^{10^8}, \mathfrak{P}(\{0,1\}^{10^8}), P_{10^8})$ 上で確率変数 S_{10^6} を以下の手順で実現する．まず，関数 $X : \{0,1\}^{100} \to \{0,1\}$ を

$$X(\eta_1, \cdots, \eta_{100}) := \max_{1 \leq r \leq 100-5} \prod_{i=r}^{r+5} \eta_i, \quad (\eta_1, \cdots, \eta_{100}) \in \{0,1\}^{100}$$

と定義する．これは $(\eta_1, \cdots, \eta_{100})$ の中で 1 が 6 個以上続いたところがあるとき $X = 1$ そうでないとき $X = 0$ であることを意味する．次に $X_k : \{0,1\}^{10^8} \to \{0,1\}$, $k = 1, 2, \cdots, 10^6$, を $\omega = (\omega_1, \cdots, \omega_{10^8}) \in \{0,1\}^{10^8}$ に対して

$$X_1(\omega) := X(\omega_1, \cdots, \omega_{100}),$$
$$X_2(\omega) := X(\omega_{101}, \cdots, \omega_{200}),$$
$$\vdots$$

一般に

[注2) 人生における様々な選択も多くの場合，賭けであろう．果たして自分の選んだ手が良い手だったかどうか，結局分からないということはよくあるではないか…．

$$X_k(\omega) := X(\omega_{100(k-1)+1}, \cdots, \omega_{100k})$$

と定義する．$\{X_k\}_{k=1}^{10^6}$ は P_{10^8} の下で i.i.d. であり，

$$P_{10^8}(X_k = 1) = p, \quad P_{10^8}(X_k = 0) = 1 - p,$$

すなわち $\{X_k\}_{k=1}^{10^6}$ は不公平な硬貨投げに外ならない．だから

$$\mathbf{E}[X_k] = p, \quad \mathbf{V}[X_k] = p(1-p)$$

である (例 3.20)．そして $S_{10^6} : \{0,1\}^{10^8} \to \mathbb{R}$ を次で定義する．

$$S_{10^6}(\omega) := \sum_{k=1}^{10^6} X_k(\omega), \quad \omega \in \{0,1\}^{10^8}.$$

このとき，$S_{10^6}/10^6$ の平均と分散は (3.12) と (3.13) により

$$\mathbf{E}\left[\frac{S_{10^6}}{10^6}\right] = p, \quad \mathbf{V}\left[\frac{S_{10^6}}{10^6}\right] = \frac{p(1-p)}{10^6} \leq \frac{1}{4 \cdot 10^6}$$

なので，S_{10^6} の例外値を与える ω の集合 U_0 を

$$U_0 := \left\{ \omega \in \{0,1\}^{10^8} \;\middle|\; \left|\frac{S_{10^6}(\omega)}{10^6} - p\right| \geq \frac{1}{200} \right\} \tag{4.1}$$

とすれば，チェビシェフの不等式により

$$P_{10^8}(U_0) \leq \frac{1}{4 \cdot 10^6} \cdot 200^2 = \frac{1}{100} \tag{4.2}$$

が成り立つ．言い換えれば，$S_{10^6}/10^6$ の一般的な値をサンプリングできれば，それは p の近似値になっている．

例 4.2 では (4.2) によってリスクが評価されている，と考えてよいだろう．そこで例 4.2 は次のような賭けとして捉えることができる；アリスが一つの $\omega \in \{0,1\}^{10^8}$ を選んだとき，$\omega \notin U_0$ ならばアリスの勝ち，$\omega \in U_0$ ならば負け，という賭けを考える．この賭けでアリスが負ける確率は 1/100 以下である．

リスク評価 (4.2) は，どの $\omega \in \{0,1\}^{10^8}$ も同様に確からしく選ぶことができる，ということを前提にしている．しかしアリスは $\{0,1\}^{10^8}$ の圧倒的多数を占める乱数を——コンピュータを用いたとしても——選ぶことができない (§ 1.2)

から，その前提を満たすようにサンプリングを実践することができない．このことこそ，大規模なモンテカルロ法におけるサンプリングの最も本質的な問題なのである．

4.2 疑似乱数生成器

4.2.1 定義

例 4.2 の計算を実行するとき，$S_{10^6}(\omega)$ を算出するためにアリスはとにかく一つの $\omega \in \{0,1\}^{10^8}$ を選ばなければならない．それには何か道具が必要である．ここでは最もよく用いられる道具，すなわち疑似乱数生成器を用いる場合を考えよう．まず，その定義から始める．

定義 4.3 $l < n$ のとき，関数 $g: \{0,1\}^l \to \{0,1\}^n$ を**疑似乱数生成器**という．ここで g の入力 $\omega' \in \{0,1\}^l$ を**種**，出力 $g(\omega') \in \{0,1\}^n$ を**疑似乱数**という．

疑似乱数というのは $\{0,1\}$-列であるが，数学的対象としては，それを生み出す関数の方が重要である．それが疑似乱数生成器である．疑似乱数生成器は**初期化** (または**ランダマイズ**) という手続きを経て疑似乱数を生成する．初期化というのは種 $\omega' \in \{0,1\}^l$ を一つ選ぶことである．プログラムはそれをもとに長い疑似乱数 $g(\omega') \in \{0,1\}^n$ を生成する．実用のためには $l \in \mathbb{N}_+$ は種 ω' がキーボードから入力可能な程度に小さいことが必要である．また，関数 g を実現するプログラムが許容できる程度に短く，早く動作することも必要である．

例 4.4 例 4.2 において，アリスはある疑似乱数生成器 $g: \{0,1\}^{238} \to \{0,1\}^{10^8}$ を使うとしよう[注3]．アリスは g の種 $\omega' \in \{0,1\}^{238}$ を一つ選んでキーボードからコンピュータに入力する．ω' は 238 ビット (アルファベットおよそ 30 文字分) だから，キーボードから入力するのは困難ではない．そこでコンピュータは $S_{10^6}(g(\omega'))$ を計算する．

[注3] 238 という半端な数の由来は例 4.9 で明らかになる．

疑似乱数生成器を用いる理由は，アリスの入力すべき $\omega \in \{0,1\}^{10^8}$ がキーボードから入力するにはあまりにも長大だからである．入力が短くて済む場合は疑似乱数生成器は必要ない．たとえば例 4.1 で 100 枚のカードの中から 1 枚選ぶとき，誰が疑似乱数生成器の利用を考えるだろうか．

4.2.2　安全性

アリスの目的は疑似乱数生成器を用いて確率変数の一般的な値を高い確率でサンプリングすることである．そのために疑似乱数生成器の持つべき性質――安全性――について述べる．

例 4.4 の場合を考える．アリスは疑似乱数生成器 g のどの種 $\omega' \in \{0,1\}^{238}$ も自由に選ぶことができる．いまの場合，リスクは確率

$$P_{238}\left(\left|\frac{S_{10^6}(g(\omega'))}{10^6} - p\right| \geq \frac{1}{200}\right) \quad (4.3)$$

で評価される．もちろん確率 (4.3) は g に依存する．もし，この確率，すなわちアリスの選んだ ω' から計算された $S_{10^6}(g(\omega'))$ が S_{10^6} の例外的な値である確率，が大きいとすると，アリスは目的を達成することが困難になる．それでは困る．

そこで，次の (少し曖昧な) 定義を設けよう；疑似乱数生成器 $g:\{0,1\}^l \to \{0,1\}^n$, $l < n$, が集合 $U \subset \{0,1\}^n$ に対して**安全**であるとは

$$P_n(\omega \in U) \approx P_l(g(\omega') \in U)$$

が成り立つことをいう．

例 4.4 において，もし $g:\{0,1\}^{238} \to \{0,1\}^{10^8}$ が (4.1) で定義された集合 U_0 に対して安全であれば，アリスが自由に選ぶことのできる $\omega' \in \{0,1\}^{238}$ の大多数に対して $S_{10^6}(g(\omega'))$ は S_{10^6} の一般的な値を与えることが分かる．この場合，長大な乱数は必要でない．言い換えると，S_{10^6} の一般的な値をサンプリングしたい際に g を用いてもリスクが大きくならないという意味で，g を安全な疑似乱数生成器とよぶわけである．モンテカルロ法におけるサンプリングの問題――アリスが乱数を選ぶことができないために $\{0,1\}^n$ の元を同様に確からしく選べないこと――はこのような安全な疑似乱数生成器を見出すことで解決される．

一般に，できるだけ多くの集合 U に対して安全であるような g が望ましい疑似乱数生成器といえる．しかしすべての U に対して安全であるような疑似乱数生成器は存在しない．実際，疑似乱数生成器 $g : \{0,1\}^l \to \{0,1\}^n$ が与えられたとき

$$U_g := \{\, g(\omega') \mid \omega' \in \{0,1\}^l \,\} \subset \{0,1\}^n$$

とすれば，$P_n(\omega \in U_g) \leq 2^{l-n}$ であるが，$P_l(g(\omega') \in U_g) = 1$ なので g は U_g に対して安全ではない．

4.3 モンテカルロ積分

例題 I を離れて一般の場合を考えよう．X を $(\{0,1\}^m, \mathfrak{P}(\{0,1\}^m), P_m)$ 上の確率変数 $\{0,1\}^m \to \mathbb{R}$ とし，その平均

$$\mathbf{E}[X] = \frac{1}{2^m} \sum_{\eta \in \{0,1\}^m} X(\eta)$$

を数値的に求める問題を考える．ここで m が小さいときは上式の右辺を直接計算すればよいが，m が大きいとき (たとえば $m = 100$ のとき) は計算量が莫大になり，それは事実上不可能になる．**モンテカルロ積分**とは，そのような場合に大数の法則を用いて確率変数の平均を推定する手法をいう (例 4.2)．およそ科学的な目的を持つモンテカルロ法では，多くの場合，確率変数の分布に関する何らかの特性量 (平均，分散，積率など) を計算するので，それらはモンテカルロ積分である．

4.3.1 平均と積分

一般に，平均は積分と捉えることができる．実際，m 回の硬貨投げの関数 X に対して，例 1.2 のように区間 $[0,1)$ で定義された m 回の硬貨投げ $\{d_i(x)\}_{i=1}^m$ を用いて

$$\hat{X}(x) := X(d_1(x), \cdots, d_m(x)), \quad x \in [0,1) \tag{4.4}$$

を作れば

$$\mathbf{E}[X] = \int_0^1 \hat{X}(x) dx \tag{4.5}$$

が成り立つ．それゆえ，モンテカルロ "積分" の名がある．

(4.5) を証明しよう．$\hat{X}:[0,1) \to \mathbb{R}$ は階段状の関数である (図 4.2);
$$\hat{X}(x) = \sum_{i=0}^{2^m-1} X(d_1(2^{-m}i), \cdots, d_m(2^{-m}i)) \mathbf{1}_{[2^{-m}i,\, 2^{-m}(i+1))}(x), \quad x \in [0,1).$$
ここに $\mathbf{1}_{[2^{-m}i,\, 2^{-m}(i+1))}(x)$ は区間 $[2^{-m}i,\, 2^{-m}(i+1))$ の定義関数である．

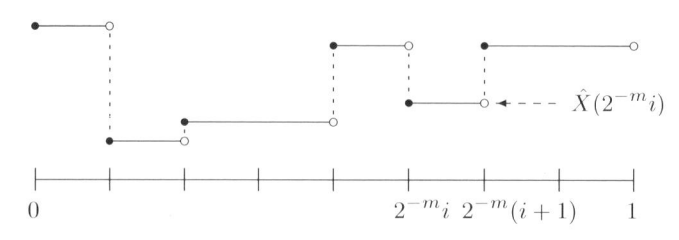

図 4.2 $\hat{X}(x)$ のグラフ (例)

このとき
$$\int_0^1 \hat{X}(x)dx$$
$$= \sum_{i=0}^{2^m-1} X(d_1(2^{-m}i), \cdots, d_m(2^{-m}i)) \int_0^1 \mathbf{1}_{[2^{-m}i,\, 2^{-m}(i+1))}(x) dx$$
$$= \sum_{i=0}^{2^m-1} X(d_1(2^{-m}i), \cdots, d_m(2^{-m}i)) \cdot 2^{-m}$$
$$= \frac{1}{2^m} \sum_{\eta \in \{0,1\}^m} X(\eta) = \mathbf{E}[X].$$

補題 4.5 $X:\{0,1\}^m \to \mathbb{R}$ とし，$\hat{X}:[0,1) \to \mathbb{R}$ は (4.4) で定義される関数とする．このとき，任意の $j \in \mathbb{N}_+$ に対して
$$\int_0^1 \hat{X}(x) dx = \frac{1}{2^{m+j}} \sum_{q=0}^{2^{m+j}-1} \hat{X}\left(\frac{q}{2^{m+j}}\right).$$

証明． $\hat{X}(x) = \mathbf{1}_{[2^{-m}i,\, 2^{-m}(i+1))}(x)$ の場合に証明すれば十分である．
$$\frac{1}{2^{m+j}} \sum_{q=0}^{2^{m+j}-1} \mathbf{1}_{[2^{-m}i,\, 2^{-m}(i+1))}\left(\frac{q}{2^{m+j}}\right) = \frac{1}{2^{m+j}} \sum_{q=2^j i}^{2^j(i+1)-1} 1$$
$$= \frac{1}{2^m}. \qquad \square$$

4.3.2 平均の推定

例 4.2 を一般的な設定の下で述べると以下のようになる．$X: \{0,1\}^m \to \mathbb{R}$ と同分布の独立変数列 $\{X_k\}_{k=1}^N$ の和を S_N とする．S_N は Nm 回の硬貨投げの関数であるが，具体的に書けば

$$X_k(\omega) := X(\omega_k), \quad \omega_k \in \{0,1\}^m, \quad \omega = (\omega_1, \cdots, \omega_N) \in \{0,1\}^{Nm},$$

$$S_N(\omega) := \sum_{k=1}^N X_k(\omega). \tag{4.6}$$

このとき (3.12) と (3.13) により，S_N/N と X の平均 (それぞれ P_{Nm} と P_m に関する平均) は等しく ($\mathbf{E}[S_N/N] = \mathbf{E}[X]$)，分散は $\mathbf{V}[S_N/N] = \mathbf{V}[X]/N$ を満たす．

そこで，S_N/N をサンプリングすることによって $\mathbf{E}[X]$ を推定する．このときのリスクをチェビシェフの不等式

$$P_{Nm}\left(\left|\frac{S_N(\omega)}{N} - \mathbf{E}[X]\right| \geqq \delta\right) \leqq \frac{\mathbf{V}[X]}{N\delta^2} \tag{4.7}$$

で評価しよう．このことは

$$U_1 := \left\{\omega \in \{0,1\}^{Nm} \,\middle|\, \left|\frac{S_N(\omega)}{N} - \mathbf{E}[X]\right| \geqq \delta\right\} \tag{4.8}$$

としたとき，$\omega \in \{0,1\}^{Nm}$ を選んで $\omega \notin U_1$ ならば勝ち，$\omega \in U_1$ ならば負け，という賭けを考えていることになる．

$\mathbf{E}[X]$ が未知ならば $\mathbf{V}[X]$ も未知であるのが普通だろう．その意味でリスク評価 (4.7) は完全ではないが，$\mathbf{V}[X] \leqq M$ を満たす $M > 0$ が見つかれば，そのときリスク評価 (4.7) は完全になる (例 4.2)．

4.3.3 ランダム - ワイル - サンプリング

モンテカルロ積分の場合，サンプリングの対象となる確率変数 S_N は非常に特殊な形 (4.6) をしている．その事実を利用すれば集合 U_1 に対し安全な疑似乱数生成器を構成することができる．

はじめに記号を導入する．各 $m \geqq 1$ に対して

$$D_m := \{\, 2^{-m}i \mid i = 0, \cdots, 2^m - 1 \,\} \subset [0, 1)$$

とする. D_m 上の一様確率測度を $P_{(m)}$ で表す. 各 $x \geqq 0$ に対して

$$\lfloor x \rfloor_m := \lfloor 2^m(x - \lfloor x \rfloor) \rfloor \cdot 2^{-m} \in D_m$$

と定義する. $x - \lfloor x \rfloor$ は x の "小数部分" だから, $\lfloor x \rfloor_m$ は 2 進法表記において x の小数部分の小数第 $m+1$ 位以下を切り捨てた数である. 一対一対応

$$D_m \ni 2^{-m}i \longleftrightarrow (d_1(2^{-m}i), \cdots, d_m(2^{-m}i)) \in \{0,1\}^m$$

によって D_m と $\{0,1\}^m$ を同一視する. それを $D_m \cong \{0,1\}^m$ のように書く.

定義 4.6 $j \in \mathbb{N}_+$ とし,

$$Z_k(\omega') := \lfloor x + k\alpha \rfloor_m \in D_m, \quad \omega' = (x, \alpha) \in D_{m+j} \times D_{m+j},$$
$$k = 1, 2, 3, \cdots, 2^{j+1}$$

と定義する. そして $N \leqq 2^{j+1}$ に対して疑似乱数生成器

$$g : \{0,1\}^{2m+2j} \to \{0,1\}^{Nm} \tag{4.9}$$

を

$$g(\omega') := (Z_1(\omega'), \cdots, Z_N(\omega')) \in D_m^N \cong \{0,1\}^{Nm},$$
$$\omega' = (x, \alpha) \in D_{m+j} \times D_{m+j} \cong \{0,1\}^{2m+2j}$$

と定義する.

補題 4.7 $D_{m+j} \times D_{m+j}$ 上の直積確率測度 (一様確率測度) $P_{(m+j)} \otimes P_{(m+j)}$ の下で $\{Z_k\}_{k=1}^{2^{j+1}}$ は対独立 (注意 3.16) であり, 各 Z_k は D_m で一様に分布する.

証明. 任意の $1 \leqq k < k' \leqq 2^{j+1}$ と任意の $t, t' = 0, 1, \cdots, 2^m - 1$ をとる. このとき

$$P_{(m+j)} \otimes P_{(m+j)} \left(Z_k = t, Z_{k'} = t' \right) = \frac{1}{2^{2m}} \tag{4.10}$$

を示せばよい. 実際, (4.10) であれば

$$P_{(m+j)} \otimes P_{(m+j)}(Z_k = t)$$
$$= \sum_{t' \in D_m} P_{(m+j)} \otimes P_{(m+j)}(Z_k = t, Z_{k'} = t')$$
$$= 2^m \cdot \frac{1}{2^{2m}} = \frac{1}{2^m}$$

だから，各 Z_k は D_m 上で一様分布する．そして

$$P_{(m+j)} \otimes P_{(m+j)}(Z_k = t, Z_{k'} = t')$$
$$= P_{(m+j)} \otimes P_{(m+j)}(Z_k = t) \times P_{(m+j)} \otimes P_{(m+j)}(Z_{k'} = t')$$

だから Z_k と $Z_{k'}$ は独立である．

(4.10) は証明には不便なので，これを積分の形に書き換える；周期 1 の周期関数 $F, G: \mathbb{R} \to \{0, 1\}$ を

$$F(x) := \mathbf{1}_{[2^{-m}t', \, 2^{-m}(t'+1))}(x - \lfloor x \rfloor),$$
$$G(x) := \mathbf{1}_{[2^{-m}t, \, 2^{-m}(t+1))}(x - \lfloor x \rfloor), \quad x \in \mathbb{R}$$

と定めて，(4.10) と同値な式

$$\mathbf{E}[F(Z_{k'})G(Z_k)] = \int_0^1 F(u)du \int_0^1 G(v)dv \qquad (4.11)$$

を以下で証明する．ここに $\mathbf{E}$ は $P_{(m+j)} \otimes P_{(m+j)}$ による平均を表す．

$Z_{k'}$ と Z_k は直積確率空間 $(D_{m+j} \times D_{m+j}, \mathfrak{P}(D_{m+j} \times D_{m+j}), P_{(m+j)} \otimes P_{(m+j)})$ 上の確率変数であるから，平均の定義より

$$\mathbf{E}[F(Z_{k'})G(Z_k)]$$
$$= \frac{1}{2^{m+j}} \sum_{x \in D_{m+j}} \frac{1}{2^{m+j}} \sum_{\alpha \in D_{m+j}} F(x + k'\alpha) G(x + k\alpha)$$
$$= \frac{1}{2^{2m+2j}} \sum_{q=0}^{2^{m+j}-1} \sum_{p=0}^{2^{m+j}-1} F\left(\frac{p}{2^{m+j}} + \frac{k'q}{2^{m+j}}\right) G\left(\frac{p}{2^{m+j}} + \frac{kq}{2^{m+j}}\right)$$
$$= \frac{1}{2^{2m+2j}} \sum_{q=0}^{2^{m+j}-1} \sum_{p=kq}^{2^{m+j}+kq-1} F\left(\frac{p}{2^{m+j}} + \frac{(k'-k)q}{2^{m+j}}\right) G\left(\frac{p}{2^{m+j}}\right)$$
$$= \frac{1}{2^{2m+2j}} \sum_{q=0}^{2^{m+j}-1} \sum_{p=0}^{2^{m+j}-1} F\left(\frac{p}{2^{m+j}} + \frac{(k'-k)q}{2^{m+j}}\right) G\left(\frac{p}{2^{m+j}}\right). \qquad (4.12)$$

ここで, $0 < k' - k = 2^i s \leqq 2^{j+1} - 1$, ただし $0 \leqq i \leqq j$ かつ s は奇数, としよう. すると

$$\frac{1}{2^{m+j}} \sum_{q=0}^{2^{m+j}-1} F\left(\frac{p}{2^{m+j}} + \frac{(k'-k)q}{2^{m+j}}\right)$$
$$= \frac{1}{2^{m+j}} \sum_{q=0}^{2^{m+j}-1} F\left(\frac{p}{2^{m+j}} + \frac{sq}{2^{m+j-i}}\right). \tag{4.13}$$

さて, $q, q' \in \{0, 1, 2, \cdots, 2^{m+j-i} - 1\}$ に対して

$$sq \mod 2^{m+j-i} = sq' \mod 2^{m+j-i}$$

ならば[注4)]

$$s(q - q') \mod 2^{m+j-i} = 0,$$

すなわち $s(q-q')$ は 2^{m+j-i} で割り切れる. s は奇数だから, $q - q'$ が 2^{m+j-i} で割り切れる. しかし, $q, q' \in \{0, 1, 2, \cdots, 2^{m+j-i} - 1\}$ であるから $q = q'$ である. したがって対応

$$\{0, 1, 2, \cdots, 2^{m+j-i} - 1\} \ni q$$
$$\longleftrightarrow sq \bmod 2^{m+j-i} \in \{0, 1, 2, \cdots, 2^{m+j-i} - 1\}$$

は一対一である. ゆえに各 $r = 0, 1, 2, \cdots, 2^{m+j-i} - 1$ に対して

$$sq_r \bmod 2^{m+j-i} = r$$

を満たす $q_r \in \{0, 1, 2, \cdots, 2^{m+j-i} - 1\}$ がただ一つ存在する. よって

$$\#\{0 \leqq q \leqq 2^{m+j} - 1 \,|\, sq \bmod 2^{m+j-i} = r\}$$
$$= \#\{0 \leqq q \leqq 2^{m+j} - 1 \,|\, sq \bmod 2^{m+j-i} = sq_r \bmod 2^{m+j-i}\}$$
$$= \#\{0 \leqq q \leqq 2^{m+j} - 1 \,|\, q - q_r \text{ は } 2^{m+j-i} \text{ で割り切れる }\} = 2^i.$$

このことから (4.13) は次のように計算される;

[注4)] $a \bmod m$ は a を m で割った余り.

$$\frac{1}{2^{m+j}} \sum_{q=0}^{2^{m+j}-1} F\left(\frac{p}{2^{m+j}} + \frac{sq}{2^{m+j-i}}\right)$$
$$= \frac{2^i}{2^{m+j}} \sum_{r=0}^{2^{m+j-i}-1} F\left(\frac{p}{2^{m+j}} + \frac{r}{2^{m+j-i}}\right)$$
$$= \frac{1}{2^{m+j-i}} \sum_{r=0}^{2^{m+j-i}-1} F\left(\frac{r}{2^{m+j-i}}\right)$$
$$= \int_0^1 F(u)du. \tag{4.14}$$

最後の等号は補題 4.5 による．(4.12)，(4.13)，および (4.14) から

$\mathbf{E}[F(Z_{k'})G(Z_k)]$
$$= \frac{1}{2^{m+j}} \sum_{p=0}^{2^{m+j}-1} \left(\frac{1}{2^{m+j}} \sum_{q=0}^{2^{m+j}-1} F\left(\frac{p}{2^{m+j}} + \frac{(k'-k)q}{2^{m+j}}\right)\right) G\left(\frac{p}{2^{m+j}}\right)$$
$$= \frac{1}{2^{m+j}} \sum_{p=0}^{2^{m+j}-1} \left(\frac{1}{2^{m+j}} \sum_{q=0}^{2^{m+j}-1} F\left(\frac{p}{2^{m+j}} + \frac{sq}{2^{m+j-i}}\right)\right) G\left(\frac{p}{2^{m+j}}\right)$$
$$= \int_0^1 F(u)du \cdot \frac{1}{2^{m+j}} \sum_{p=0}^{2^{m+j}-1} G\left(\frac{p}{2^{m+j}}\right)$$
$$= \int_0^1 F(u)du \int_0^1 G(v)dv.$$

以上で (4.11) が示された． □

定理 4.8 (4.9) の疑似乱数生成器 $g: \{0,1\}^{2m+2j} \to \{0,1\}^{Nm}$ は (4.6) の確率変数 S_N に対して

$$\mathbf{E}[S_N(g(\omega'))] = \mathbf{E}[S_N(\omega)] (= N\mathbf{E}[X]),$$
$$\mathbf{V}[S_N(g(\omega'))] = \mathbf{V}[S_N(\omega)] (= N\mathbf{V}[X])$$

を満たす．ただし ω', ω はそれぞれ P_{2m+2j}, P_{Nm} に従うものとする．これより (4.7) と同様のチェビシェフの不等式

$$P_{2m+2j}(g(\omega') \in U_1) = P_{2m+2j}\left(\left|\frac{S_N(g(\omega'))}{N} - \mathbf{E}[X]\right| \geqq \delta\right) \leqq \frac{\mathbf{V}[X]}{N\delta^2}$$

が成り立つ．この意味で g は (4.8) の U_1 に対して安全な疑似乱数生成器であ

る．この疑似乱数生成器を用いるモンテカルロ積分を**ランダム-ワイル-サンプリング**[注5]([10]) とよぶ．

証明． 補題 4.7 より各 $Z_k(\omega')$ は $\{0,1\}^m$ 上で一様に分布するから

$$\mathbf{E}[S_N(g(\omega'))] = N\,\mathbf{E}[X]$$

であることが分かる．また，$\{Z_k\}_{k=1}^{2^{j+1}}$ は対独立だから

$$\begin{aligned}
\mathbf{V}&[S_N(g(\omega'))] \\
&= \mathbf{E}\left[\left(\sum_{k=1}^{N}(X(Z_k(\omega'))-\mathbf{E}[X])\right)^2\right] \\
&= \sum_{k=1}^{N}\sum_{k'=1}^{N}\mathbf{E}\left[(X(Z_k(\omega'))-\mathbf{E}[X])(X(Z_{k'}(\omega'))-\mathbf{E}[X])\right] \\
&= \sum_{k=1}^{N}\mathbf{E}\left[(X(Z_k(\omega'))-\mathbf{E}[X])^2\right] \\
&\quad + 2\sum_{1\leq k<k'\leq N}\mathbf{E}\left[(X(Z_k(\omega'))-\mathbf{E}[X])(X(Z_{k'}(\omega'))-\mathbf{E}[X])\right] \\
&= N\,\mathbf{V}[X] + 2\sum_{1\leq k<k'\leq N}\mathbf{E}\left[(X(Z_k(\omega'))-\mathbf{E}[X])\right]\mathbf{E}\left[(X(Z_{k'}(\omega'))-\mathbf{E}[X])\right] \\
&= N\,\mathbf{V}[X].
\end{aligned}$$

以上から，g は要請された性質を持つことが分かる． □

例 4.9 ランダム-ワイル-サンプリングを用いて例題 I を解くことができる．以下，確率変数 S_{10^6} は例 4.2 で定義されたものとしよう．定義 4.6 において $m=100$, $N=10^6$ とする．$N\leq 2^{j+1}$ とするためには $j=19$ とすればよい．すると $2m+2j=238$ だから，(4.9) の疑似乱数生成器は $g:\{0,1\}^{238}\to \{0,1\}^{10^8}$ となる．このとき，リスク (4.3) は定理 4.8 によって

$$P_{238}\left(\left|\frac{S_{10^6}(g(\omega'))}{10^6}-p\right|\geq \frac{1}{200}\right)\leq \frac{1}{100} \tag{4.15}$$

のように評価される．アリスはどの種 $\omega'\in\{0,1\}^{238}$ でも自由に選ぶことがで

[注5] 無理数 α のとき，変換 $[0,1)\ni x\mapsto x+\alpha-\lfloor x+\alpha\rfloor \in [0,1)$ を**ワイル変換**というので，この名がついた．

きるから，このリスク評価は実際的な意味を持つ．

具体的に $S_{10^6}(g(\omega'))$ を求めた例を挙げよう．(アリスの代わりに) 筆者が選んだ種 $\omega' = (x, \alpha) \in D_{119} \times D_{119} \cong \{0,1\}^{238}$ は次の通り (2 進法表記)；

$x = 0.1110110101\ 1011101101\ 0100000011\ 0110101001$
$0101000100\ 0101111101\ 1010000000\ 1010100011$
$0100011001\ 1101111101\ 1101010011\ 111100100$

$\alpha = 0.1100000111\ 0111000100\ 0001101011\ 1001000001$
$0010001000\ 1010101101\ 1110101110\ 0010010011$
$1000000011\ 0101000110\ 0101110010\ 010111111$

このときコンピュータの計算によって $S_{10^6}(g(\omega')) = 546177$ を得た (C 言語による実装については付録：§ A.5 参照)．したがってこの場合

$$\frac{S_{10^6}(g(\omega'))}{10^6} = 0.546177$$

が求める確率 p の推定値である．このことをリスク評価 (4.15) をもとに数理統計学の推定に関する用語で表現すれば，「信頼度を 99% とするとき，求める確率 p に関する信頼区間は $0.546177 \pm 1/200$，すなわち，$0.541 < p < 0.551$ である」となる．ちなみに p の真値は

$$692255904222999797557597756576 \times 2^{-100} = 0.5460936192$$

だから上の推定値の誤差は 0.00008 ととても小さい．

実際のモンテカルロ積分ではサンプルサイズ N があらかじめ定まっていることは少なく，数値実験を行いながら適切な N を見つけていく場合が多い．そのような場合に備えて j を少々大きめに与えておくとよい．

注意 4.10 ランダム-ワイル-サンプリングでは，アリスがどんな種 $\omega' = (x, \alpha) \in \{0, 1\}^{2m+2j}$ を選ぶべきでないか，について少しだけ助言をすることができる．それは α としてとくに簡単な数を選ばないことである．極端な場合 $\alpha = (0, 0, \cdots, 0) \in \{0, 1\}^{m+j}$ と選ぶとランダム-ワイル-サンプリングはほぼ間違いなく失敗することがすぐ分かる．

4.4 数理統計学の視点から

我々はモンテカルロ法を賭けと考え，プレーヤーのアリスが自分の意思で疑似乱数の種 $\omega' \in \{0,1\}^l$ を選ぶ，という観点で論じてきた．しかし数理統計学の視点から見ると，それは困ったことである．なぜなら，結果に客観性を持たせるために，数理統計学では無作為なサンプリングを行うことを重要と考えるからである．実際，ランダム - ワイル - サンプリングの場合は，注意 4.10 で述べたことを逆手にとって，悪い種 (たとえば $\alpha = (0, 0, \cdots, 0) \in \{0,1\}^{m+j}$) を選んで賭けにわざと負けることができる．すなわち，プレーヤーの意思で結果が左右されることが起こり得るのである．

サンプリングの客観性を厳密に論ずることはもちろん数学の守備範囲を超えている．ここでは，たとえば本物の硬貨の表裏の出方が誰の意思にも影響されないこと (注意 1.12) を仮定した上で議論することにしよう．このとき，たとえば例 4.9 の場合は，硬貨を 238 回投げてその表 (= 1) 裏 (= 0) を順に記録したものを疑似乱数生成器 g の種 ω' として選び，そして $S_{10^6}(g(\omega'))$ を計算すればよい．これで無作為なサンプリングが実行される．じつは例 4.9 の ω' は，実際，筆者がそのようにして得た種である．

本物の硬貨を投げて非常に長い $\omega \in \{0,1\}^n$ を無作為に選ぶことはあまりに膨大な時間と労力がかかるので不可能である．重要なのは，ランダム - ワイル - サンプリングの利用によってリスクを大きくすることなく無作為に選ばなければならない $\{0,1\}$-列の長さがきわめて短くなるため，この方法が実際に実行可能になる，ということである．

付　録

A.1　記号と用語

A.1.1　集合と関数

定義 A.1　集合 A と集合 B に対して，$x \in A$ と $y \in B$ の組 (x,y) の全体の集合

$$A \times B := \{(x,y) \,|\, x \in A, y \in B\}$$

を A, B の**直積**という．

例 A.2　実数直線上の区間 $A = [a,b]$ と $B = [c,d]$ の直積 $A \times B$ は座標平面上で長方形を表す．

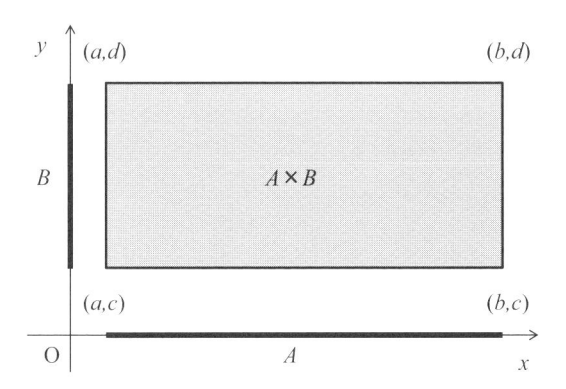

三つ以上の集合の直積も同様に定義する．たとえば

$$\mathbb{R}^3 = \mathbb{R} \times \mathbb{R} \times \mathbb{R} := \{(x,y,z) \,|\, x \in \mathbb{R}, y \in \mathbb{R}, z \in \mathbb{R}\}$$

であり，これは三つの実数の組全体，すなわち (3 次元) 空間の点全体の集合である．例 1.1 の $\{0,1\}^3$ は $\{0,1\} \times \{0,1\} \times \{0,1\}$ のことである．

定義 A.3 集合 E の各元に対して集合 F の元がただ一つ対応するとき，その対応を**関数** (または**写像**) といって，$f : E \to F$ のように表す．$E = F$ のときは**変換**ともいう．個別の $a \in E$ に対応する F の元は $f(a)$ と書く．また，この個別対応を $a \mapsto f(a)$ のように表す．

Ω を $\varnothing$ でない集合，$A \in \mathfrak{P}(\Omega)$ に対して関数 $\mathbf{1}_A : \Omega \to \{0, 1\}$ を

$$\mathbf{1}_A(\omega) = \begin{cases} 1 & (\omega \in A), \\ 0 & (\omega \notin A) \end{cases}$$

と定義する．これを部分集合 A の**定義関数**という．集合の関係や演算は定義関数の関係や計算として実現される．たとえば「$A \subset B$」は「$\mathbf{1}_A(\omega) \leqq \mathbf{1}_B(\omega), \omega \in \Omega$」と同値である．ほかにも

$$\mathbf{1}_{A \cup B}(\omega) = \max\{\mathbf{1}_A(\omega), \mathbf{1}_B(\omega)\},$$
$$\mathbf{1}_{A \cap B}(\omega) = \min\{\mathbf{1}_A(\omega), \mathbf{1}_B(\omega)\},$$
$$= \mathbf{1}_A(\omega) \cdot \mathbf{1}_B(\omega),$$
$$\mathbf{1}_{A^c}(\omega) = 1 - \mathbf{1}_A(\omega).$$

最後の式で，$A^c := \{\omega \in \Omega \,|\, \omega \notin A\}$ は A の**補集合**である．高校数学では $\bar{A}$ と書いていたもので，右肩の "c" は complement の頭文字である．

A.1.2 和と積の記号

関数 $a : \{1, 2, \cdots, n\} \to \mathbb{R}$ は $\{a(1), a(2), \cdots, a(n)\}$ のように長さ n の数列として表すことができる．これは，通常，$a_1, a_2, \cdots, a_n$ あるいは $\{a_i\}_{i=1}^n$ のように書かれる．同様に，関数 $b : \{1, 2, \cdots, m\} \times \{1, 2, \cdots, n\} \to \mathbb{R}$ は，通常，

$$\{b_{ij}\}_{i=1,2,\cdots,m,\, j=1,2,\cdots,n}$$

のように書かれる．これを二重数列という．数列 $\{a_i\}_{i=1}^n$ の和を $\sum_{i=1}^n a_i$ と書くように，二重数列 $\{b_{ij}\}_{i=1,2,\cdots,m,\, j=1,2,\cdots,n}$ の和は

$$\sum_{i=1,2,\cdots,m,\, j=1,2,\cdots,n} b_{ij}$$

と書く．これを二重和という．明らかに

$$\sum_{i=1,2,\cdots,m,\,j=1,2,\cdots,n} b_{ij} = \sum_{i=1}^{m}\left(\sum_{j=1}^{n} b_{ij}\right) = \sum_{j=1}^{n}\left(\sum_{i=1}^{m} b_{ij}\right).$$

同様に，三重数列，三重和 (もっと一般に多重数列，多重和) が定義される．

数列 $\{a_i\}_{i=1}^{n}$ の積 $a_1 \times a_2 \times \cdots \times a_n$ を

$$\prod_{i=1}^{n} a_i$$

と書く [注1]．同様に，二重数列 $\{b_{ij}\}_{i=1,2,\cdots,m,\,j=1,2,\cdots,n}$ の積は

$$\prod_{i=1,2,\cdots,m,\,j=1,2,\cdots,n} b_{ij}$$

と書く．明らかに

$$\prod_{i=1,2,\cdots,m,\,j=1,2,\cdots,n} b_{ij} = \prod_{i=1}^{m}\left(\prod_{j=1}^{n} b_{ij}\right) = \prod_{j=1}^{n}\left(\prod_{i=1}^{m} b_{ij}\right).$$

例 A.4 少し複雑な二重数列について考えよう．各 $i = 1, \cdots, m$ ごとに長さ n_i の数列 $\{a_{ij}\}_{j=1}^{n_i}$ が与えられている．このとき積

$$(a_{11} + a_{12} + \cdots + a_{1n_1})(a_{21} + a_{22} + \cdots + a_{2n_2})\cdots(a_{m1} + a_{m2} + \cdots + a_{mn_m})$$

は $\sum$ と $\prod$ を使うと

$$\prod_{i=1}^{m} \sum_{j=1}^{n_i} a_{ij} \tag{A.1}$$

と書ける．これを展開すれば

$$\sum_{j_1=1}^{n_1} \cdots \sum_{j_m=1}^{n_m} \prod_{i=1}^{m} a_{ij_i} \tag{A.2}$$

となる．逆に (A.2) を因数分解すれば (A.1) が得られる．

和の記号 $\sum$ は順に並んだ数列ばかりに適用されるのではなく，もっと一般に数のあつまりの和を表すのに使われる．たとえば，有限集合 Ω の各元 ω に

[注1] $\prod$ は英語の P に相当するギリシャ文字 "パイ" で π の大文字である．"積" の英語 product の頭文字にちなむ．

対して実数 p_ω が対応している場合,そのような p_ω の総和を

$$\sum_{\omega \in \Omega} p_\omega$$

のように表す.また,Ω の元 ω のうち,条件 $X(\omega) = a_i$ を満たすものに対する和は

$$\sum_{\omega \in \Omega\,;\,X(\omega)=a_i} p_\omega$$

のように表す.積の記号 $\prod$ も同じように使われる.

A.1.3　不等号 " $\gg$ "

$a \gg b$ は「a は b よりずっと大きい」の意.$b \ll a$ も同じ意味を表す.どれくらい「ずっと大きい」のか,定量的に明らかにするのが困難な (あるいは面倒な) 場合に「ずっと大きい」ということを " $\gg$ " という記号で表す.こういうと数学としていい加減に聞こえるが,実際に使っているところを見れば納得するだろう;$\lim_{x \to \infty} x^{100}/e^x = 0$ (付録:命題 A.16 (i)) なので,$x \gg 1$ のとき $x^{100} \ll e^x$ である.

A.2　2 進法

日常の数の表し方は 10 進法によっている.これは 10 個の数字 $0, 1, \cdots, 9$ (および小数点,符号) を用いて位取り記数法の下で数を表す仕組みである.同様のことはたった 2 個の数字 $0, 1$ で実現することが可能である.それを 2 進法という.2 進法を数学として最初に体系付けたのはライプニッツといわれている.

2 進法は最も単純な位取り記数法であり,電子回路によるスイッチのオン・オフによって表現できるため,現代ではあらゆるデジタル技術の基礎になっている.

A.2.1　整数の 2 進法表記

自然数 n の 10 進法表記における第 i 桁の数字を $D_i^{(10)}(n) \in \{0, 1, \cdots, 9\}$ とするとき

$$n = \sum_{i=1}^{\infty} 10^{i-1} D_i^{(10)}(n)$$

である．右辺は実際には有限和である．たとえば

$$563 = 10^2 \times 5 + 10^1 \times 6 + 10^0 \times 3.$$

各 $D_i^{(10)}(n)$ は

$$D_i^{(10)}(n) := \lfloor 10^{-i+1} n \rfloor - 10 \lfloor 10^{-i} n \rfloor, \qquad i \in \mathbb{N}_+$$

と書けることに注意せよ．ここで $\lfloor t \rfloor$ は正の実数 t の整数部分を返す関数である．たとえば

$$D_2^{(10)}(563) = \lfloor 10^{-1} \times 563 \rfloor - 10 \times \lfloor 10^{-2} \times 563 \rfloor$$
$$= \lfloor 56.3 \rfloor - 10 \times \lfloor 5.63 \rfloor = 56 - 50$$
$$= 6.$$

同様にして，各 $n \in \mathbb{N}$ に対して

$$n = \sum_{i=1}^{\infty} 2^{i-1} D_i(n)$$

となるような $D_i(n) \in \{0, 1\}$ を定めることができる．ただし，右辺は実際には有限和である．そのためには

$$D_i(n) := \lfloor 2^{-i+1} n \rfloor - 2 \lfloor 2^{-i} n \rfloor, \qquad i \in \mathbb{N}$$

とすればよい．

例 **A.5** たとえば

$$D_1(563) = \lfloor 563 \rfloor - 2 \times \lfloor 2^{-1} \times 563 \rfloor = 563 - 562$$
$$= 1,$$
$$D_2(563) = \lfloor 2^{-1} \times 563 \rfloor - 2 \times \lfloor 2^{-2} \times 563 \rfloor$$
$$= \lfloor 281.5 \rfloor - 2 \times \lfloor 140.75 \rfloor = 281 - 280$$
$$= 1.$$

このようにして 563 の 2 進法表記を計算するのはやや骨が折れる．じつは次のように，2 による割り算を繰り返したときの余りの項を逆に並べたものが 2 進法表記となる．

$$
\begin{array}{r|l l}
2\,) & 563 & \\
\hline
2\,) & 281 & \cdots 1 \\
\hline
2\,) & 140 & \cdots 1 \\
\hline
2\,) & 70 & \cdots 0 \\
\hline
2\,) & 35 & \cdots 0 \\
\hline
2\,) & 17 & \cdots 1 \\
\hline
2\,) & 8 & \cdots 1 \\
\hline
2\,) & 4 & \cdots 0 \\
\hline
2\,) & 2 & \cdots 0 \\
\hline
2\,) & 1 & \cdots 0 \\
\hline
2\,) & 0 & \cdots 1 \\
\hline
\end{array}
$$

すなわち 563 の 2 進法表記は 1000110011 である．

A.2.2　小数の 2 進法表記

次に，小数 $x \in [0, 1)$ の表し方について考えよう．まず，10 進法表記は

$$x = 0.d_1^{(10)}(x) d_2^{(10)}(x) \cdots = \sum_{i=1}^{\infty} 10^{-i} d_i^{(10)}(x).$$

ここで $d_i^{(10)}(x) \in \{0, 1, \cdots, 9\}$ は x の小数第 i 位の数を表す．たとえば

$$0.563 = 10^{-1} \times 5 + 10^{-2} \times 6 + 10^{-3} \times 3 + 10^{-4} \times 0 + 10^{-5} \times 0 + \cdots.$$

さて，$d_i^{(10)}(x)$ は次のように書くことができる．

$$d_i^{(10)}(x) := \lfloor 10^i x \rfloor - 10 \lfloor 10^{i-1} x \rfloor, \qquad i \in \mathbb{N} \tag{A.3}$$

たとえば

$$d_2^{(10)}(0.563) = \lfloor 100 \times 0.563 \rfloor - 10 \times \lfloor 10 \times 0.563 \rfloor$$
$$= \lfloor 56.3 \rfloor - 10 \times \lfloor 5.63 \rfloor$$

$$= 56 - 10 \times 5 = 6.$$

2 進法の場合は (A.3) にならって

$$d_i(x) := \lfloor 2^i x \rfloor - 2 \lfloor 2^{i-1} x \rfloor, \quad x \in [0, 1) \tag{A.4}$$

とすれば

$$x = \sum_{i=1}^{\infty} 2^{-i} d_i(x), \quad x \in [0, 1)$$

となることが分かる.

例 A.6 10 進法の 0.563 は 2 進法ではどのように表されるだろうか. (A.4) に従って計算すると

$$d_1(0.563) = \lfloor 2 \times 0.563 \rfloor - 2 \times \lfloor 0.563 \rfloor = 1 - 0 = 1$$
$$d_2(0.563) = \lfloor 4 \times 0.563 \rfloor - 2 \times \lfloor 2 \times 0.563 \rfloor = 2 - 2 = 0$$
$$d_3(0.563) = \lfloor 8 \times 0.563 \rfloor - 2 \times \lfloor 4 \times 0.563 \rfloor = 4 - 4 = 0$$
$$d_4(0.563) = \lfloor 16 \times 0.563 \rfloor - 2 \times \lfloor 8 \times 0.563 \rfloor = 9 - 8 = 1$$
$$\vdots$$

であるから, $0.1001\cdots$ という無限小数となる. この計算を要領よく行うには次のようにすればよい.

$$2 \times 0.563 = 1.126 = \underline{1} + 0.126$$
$$2 \times 0.126 = 0.252 = \underline{0} + 0.252$$
$$2 \times 0.252 = 0.504 = \underline{0} + 0.504$$
$$2 \times 0.504 = 1.008 = \underline{1} + 0.008$$
$$2 \times 0.008 = 0.016 = \underline{0} + 0.016$$

において, 下線部を並べた $0.10010\cdots$ が求める 2 進法表記になる.

あるいは 563/1000 の分母分子を 2 進法表記して, 割り算を筆算で実行してもよい. すなわち, 563/1000 は 2 進法表記では 1000110011/1111101000 だから

```
                                    0.1001 · · ·
                          _____
              1111101000 ) 1000110011.0
                           1111101000
                           _____
                            111111 0000
                            111110 1000
                           _____
```

注意 A.7 10 進法表記で, $1 = 0.9999\cdots$ であることを思い出せ. これと同様に 2 進法表記も必ずしも一通りに定まらないことがある. たとえば, $1/2 = 0.1 = 0.01111\cdots$ (2 進法表記) のように. 定義 (A.4) を採用するということは, $1/2$ を 0.1 で表すように決める, ということである.

A.3　数列と関数の極限

高校では数列や関数の極限, たとえば $\lim_{n\to\infty} a_n = a$ を「n を限りなく大きくするとき, a_n は限りなく a に近づく」というふうに習う. しかし "限りなく" という表現の曖昧さが高度な数学では障害になる. ここで紹介する極限の厳密な定義はコーシーやワイエルシュトラスらによって 19 世紀半ばに確立された.

A.3.1　数列の収束

「n を限りなく大きくするとき, a_n は限りなく a に近づく」という状況を定量的に考えてみよう. すなわち「n をどのくらい大きくすれば, a_n をどのくらい a に近づかせることができるのか」と問うのである. その答えは「n を N より大きくすれば, a_n と a の距離を $\varepsilon > 0$ より小さくさせることができる」というふうになるであろう. 「a_n は限りなく a に近づく」のであるから, ε は正ならばどんなに小さく設定してもかまわない. だからどんなに小さな $\varepsilon > 0$ を与えても, 条件「n を N より大きくすれば, a_n と a の距離を $\varepsilon > 0$ より小さくさせることができる」を満たすような N を見出すことができれば, a_n は a に収束している, といってよいだろう.

以上の考えを論理に必要な事柄だけを厳選して表現すれば次の研ぎ澄まされた定義に至る.

定義 A.8 実数列 $\{a_n\}_{n=1}^{\infty}$ が $a \in \mathbb{R}$ に収束するとは,任意の $\varepsilon > 0$ に対して,ある $N \in \mathbb{N}_+$ が存在して,任意の $n > N$ に対して $|a_n - a| < \varepsilon$ となることをいう.このとき $\lim_{n \to \infty} a_n = a$ と書く.

この定義には「n を限りなく大きくする」とか「a_n は限りなく a に近づく」といった言明は見られない.それでも実質的に「n を限りなく大きくするとき,a_n は限りなく a に近づく」という内容をまったく誤解の余地を残すことなく記述している.

例 A.9 定義 A.8 に従って $\lim_{n \to \infty} 1/\sqrt{n} = 0$ を証明してみよう.まず任意の $\varepsilon > 0$ をとる.最終的に $|1/\sqrt{n} - 0| < \varepsilon$ とならなければならないから,この不等式を n について解いて $n > 1/\varepsilon^2$ であればよいことが分かる.そこで,$N > 1/\varepsilon^2$ となるような自然数 N を見つければよい.たとえば $N := \lfloor 1/\varepsilon^2 \rfloor + 1$.このとき $n > N$ ならば確かに $|1/\sqrt{n} - 0| < \varepsilon$ が成り立つ.だから $\lim_{n \to \infty} 1/\sqrt{n} = 0$.

命題 A.10 収束する数列 $\{a_n\}_{n=1}^{\infty}$ は有界である.すなわち,ある $M > 0$ が存在して,任意の $n \in \mathbb{N}_+$ に対して $|a_n| < M$ が成り立つ.

証明. $\lim_{n \to \infty} a_n = a$ とする.このとき,($\varepsilon = 1$ と考えて)ある $N \in \mathbb{N}_+$ が存在して,任意の $n > N$ に対して $|a_n - a| < 1$,したがって $|a_n| < |a| + 1$.そこで
$$M := \max\{|a_1|, |a_2|, \cdots, |a_N|, |a| + 1\}$$
とすれば,すべての $n \in \mathbb{N}_+$ に対して $|a_n| < M$ である. □

命題 A.11 数列 $\{a_n\}_{n=1}^{\infty}$ は 0 に収束するとする.このとき任意の $A < B$ に対して
$$\lim_{n \to \infty} \max_{n + A\sqrt{n} \leq k \leq n + B\sqrt{n}} |a_k| = 0. \tag{A.5}$$

証明. 仮定より,任意の $\varepsilon > 0$ に対して,ある $N \in \mathbb{N}_+$ が存在し,任意の $k > N$ に対して $|a_k| < \varepsilon$.もし $A \geqq 0$ ならば,$n > N$ のとき

$$\max_{n+A\sqrt{n} \leq k \leq n+B\sqrt{n}} |a_k| \leq \max_{n \leq k \leq n+B\sqrt{n}} |a_k| < \varepsilon$$

となって (A.5) が成り立つ. $A < 0$ であっても, $n > N' := \lfloor 4A^2 \rfloor + 1$ ならば $A/\sqrt{n} > -1/2$ だから

$$n + A\sqrt{n} = n(1 + A/\sqrt{n}) > \frac{n}{2}.$$

よって, 任意の $n > \max\{N', 2N\}$ に対して $n + A\sqrt{n} > N$. したがって

$$\max_{n+A\sqrt{n} \leq k \leq n+B\sqrt{n}} |a_k| \leq \max_{N+1 \leq k \leq n+B\sqrt{n}} |a_k| < \varepsilon$$

となって (A.5) が成り立つ. □

例 A.12 もう少し込み入った例; $\lim_{n \to \infty} a_n = a$ とするとき

$$\lim_{n \to \infty} \frac{a_1 + a_2 + \cdots + a_n}{n} = a \tag{A.6}$$

を示そう. まず任意の $\varepsilon > 0$ をとる. $\lim_{n \to \infty} a_n = a$ であるから, ある $N_1 \in \mathbb{N}_+$ が存在して, 任意の $n > N_1$ に対して

$$|a_n - a| < \frac{\varepsilon}{2}. \tag{A.7}$$

一方, $\{a_n - a\}_{n=1}^{\infty}$ は $(0$ に$)$ 収束するので命題 A.10 により有界である. すなわち, ある $M > 0$ が存在して, 任意の $n \in \mathbb{N}_+$ に対して $|a_n - a| < M$ である. そこで $N_2 := \lfloor 2N_1 M/\varepsilon \rfloor + 1$ とすれば, 任意の $n > N_2$ に対して

$$\left| \frac{(a_1 - a) + \cdots + (a_{N_1} - a)}{n} \right| < \frac{N_1 M}{n} < \frac{N_1 M}{N_2} < \frac{\varepsilon}{2}. \tag{A.8}$$

そこで $N := \max\{N_1, N_2\}$ とすれば, (A.7) と (A.8) より, 任意の $n > N$ に対して

$$\left| \frac{a_1 + a_2 + \cdots + a_n}{n} - a \right|$$
$$\leq \left| \frac{(a_1 - a) + \cdots + (a_{N_1} - a)}{n} \right| + \left| \frac{(a_{N_1+1} - a) + \cdots + (a_n - a)}{n} \right|$$
$$< \frac{\varepsilon}{2} + \frac{|a_{N_1+1} - a| + \cdots + |a_n - a|}{n}$$
$$< \frac{\varepsilon}{2} + \frac{\varepsilon}{2} \cdot \frac{n - N_1}{n} < \varepsilon.$$

これで (A.6) の証明が完了した.

A.3.2 １変数関数の連続性

定義 A.13 （ⅰ） $\lim_{x \to a} f(x) = r$ とは，任意の $\varepsilon > 0$ に対して，ある $\delta > 0$ が存在し，$0 < |x - a| < \delta$ を満たす任意の x について $|f(x) - r| < \varepsilon$ となることと定義する.

（ⅱ）関数 f が $x = a$ で連続とは $\lim_{x \to a} f(x) = f(a)$ となることと定義する.

（ⅲ）関数 f が区間 $I = (a, b)$ で連続とは，任意の $c \in (a, b)$ に対して，f が $x = c$ で連続であることと定義する.

こうした厳密な流儀による極限の定義 (定義 A.8, 定義 A.13) は一般に ε-δ 論法とよばれている.

例 A.14 $f(x) := x^2$ が全区間 $\mathbb{R}$ で連続であることを示そう. まず任意の $c \in \mathbb{R}$ と任意の $\varepsilon > 0$ をとる.

$$|f(x) - f(c)| = |x^2 - c^2| = |x - c||x + c|$$

であり，これが $|x - c| < \delta$ のときに ε より小さくなるように $\delta > 0$ がとれることを示したい. そこで $|x - c| < \delta$ のときに

$$|x - c||x + c| = |x - c||(x - c) + 2c| \leq |x - c|(|x - c| + 2|c|)$$
$$< \delta(\delta + 2|c|)$$

であることから，

$$\delta(\delta + 2|c|) < \varepsilon$$

を満たす $\delta > 0$ がとれればよい. それには上式を変形して

$$\delta^2 + 2|c|\delta + |c|^2 < |c|^2 + \varepsilon$$

だから $0 < \delta < \sqrt{|c|^2 + \varepsilon} - |c|$ とすればよい. 実際，このとき $|x - c| < \delta$ を満たす任意の x に対して

$$|x^2 - c^2| < \varepsilon$$

となる. すなわち $f(x) = x^2$ は $x = c$ で連続である. c は $\mathbb{R}$ の任意の元だったから，$f(x) = x^2$ は $\mathbb{R}$ で連続である.

A.3.3　多変数関数の連続性

多変数関数の連続性は 1 変数関数の場合を拡張して，次のように定義する．

定義 A.15　d 変数関数 $f: \mathbb{R}^d \to \mathbb{R}$ が点 $(a_1, \cdots, a_d) \in \mathbb{R}^d$ で連続であるとは，任意の $\varepsilon > 0$ に対し，ある $\delta > 0$ が存在し，$|x_1 - a_1| + \cdots + |x_d - a_d| < \delta$ を満たす任意の $(x_1, \cdots, x_d) \in \mathbb{R}^d$ について

$$|f(x_1, \cdots, x_d) - f(a_1, \cdots, a_d)| < \varepsilon$$

となることをいう．また，領域 $D \subset \mathbb{R}^d$ に対して f が D で連続とは，f が D の各点で連続であることをいう．

たとえば §3.3.4 の補題 3.36 の証明において，(3.53) は 5 変数関数

$$f(x_1, x_2, x_3, x_4, x_5) := \frac{1}{\sqrt{2\pi n x_1 x_2}} \cdot \frac{1 + x_3}{(1 + x_4)(1 + x_5)}$$

が点 $(\frac{1}{2}, \frac{1}{2}, 0, 0, 0)$ で連続であることを用いて証明する．また (3.49) の証明には，同補題の証明の最後の部分で 2 変数関数

$$g(x_1, x_2) := \exp(x_1)(1 + x_2) - 1$$

が点 $(0, 0)$ で連続であることを用いる．

A.4　指数関数と対数関数についての極限

命題 A.16　(i) $\displaystyle\lim_{x \to \infty} x^a b^{-x} = 0, \quad a > 0,\ b > 1.$

(ii) $\displaystyle\lim_{x \to \infty} x^{-a} \log x = 0, \quad a > 0.$

(iii) $\displaystyle\lim_{x \to +0} x \log x = 0.$

証明．(i)　$c(x) := x^a b^{-x}$ とおく．十分大きな $x_0 > 0$ をとれば，

$$0 < \frac{c(x_0 + 1)}{c(x_0)} = \left(1 + \frac{1}{x_0}\right)^a b^{-1} =: r < 1$$

とできる．このとき

$$0 < \frac{c(x+1)}{c(x)} = \left(1 + \frac{1}{x}\right)^a b^{-1} < r, \quad x > x_0,$$

よって

$$0 < \frac{c(x+n)}{c(x)} = \frac{c(x+n)}{c(x+n-1)} \cdot \frac{c(x+n-1)}{c(x+n-2)} \cdots \frac{c(x+1)}{c(x)} < r^n, \quad x > x_0$$

である. これより

$$0 < c(x) < r^{\lfloor x - x_0 \rfloor} \times \max_{x_0 \leq y \leq x_0 + 1} c(y) \to 0, \quad x \to \infty.$$

(ii) $y := \log x$ とおけば, (i) より

$$\lim_{x \to \infty} x^{-a} \log x = \lim_{y \to \infty} e^{-ay} y = 0.$$

(iii) $y := 1/x$ とおけば, (ii) より

$$\lim_{x \to +0} x \log x = \lim_{y \to \infty} \frac{1}{y} \log \frac{1}{y} = - \lim_{y \to \infty} y^{-1} \log y = 0. \qquad \square$$

命題 A.17 任意の $x > 0$ に対して

$$\lim_{n \to \infty} \frac{x^n}{n!} = 0.$$

証明. $x < N/2$ となるような $N \in \mathbb{N}_+$ をとると, $n > N$ に対し

$$\begin{aligned}\frac{x^n}{n!} &= \frac{x^N}{N!} \times \frac{x}{N+1} \cdot \frac{x}{N+2} \times \cdots \times \frac{x}{n} \\ &< \frac{x^N}{N!} \times \left(\frac{x}{N}\right)^{n-N} \\ &< \frac{x^N}{N!} \times \left(\frac{1}{2}\right)^{n-N} \to 0, \quad n \to \infty. \qquad \square\end{aligned}$$

A.5 C言語プログラム

今日では高性能コンピュータの普及により, 非常に大規模な計算が容易に行えるようになったため, 数学の理論のうち具体的に計算できる部分が爆発的に拡大した. 数学の理論をより実際的意義のあるものにするために, 読者はコンピュータの勉強もして欲しい.

例 4.9 の計算は次の C 言語プログラム ([5]) による．このプログラムは $S_{10^6}(g(\omega'))$ の値 546177 と，求めたい確率 p の推定値 0.546177 を出力する．

```c
/*======================================================*/
/*   file name: example4_9.c                            */
/*======================================================*/
#include <stdio.h>

#define SAMPLE_NUM 1000000
#define M          100
#define M_PLUS_J   119

/* seed */
char xch[] =
    "1110110101" "1011101101" "0100000011" "0110101001"
    "0101000100" "0101111101" "1010000000" "1010100011"
    "0100011001" "1101111101" "1101010011" "111100100";
char ach[] =
    "1100000111" "0111000100" "0001101011" "1001000001"
    "0010001000" "1010101101" "1110101110" "0010010011"
    "1000000011" "0101000110" "0101110010" "010111111";

int   x[M_PLUS_J], a[M_PLUS_J];

void longadd(void) /* x = x + a (long digit addition) */
{
 int i, s, carry = 0;
 for ( i = M_PLUS_J-1; i >= 0; i-- ){
   s = x[i] + a[i] + carry;
   if ( s >= 2 ) {carry = 1; s = s - 2; } else carry = 0;
   x[i] =   s;
 }
```

```
}


int maxLength(void) /* count the longest run of 1's */
{
 int len = 0, count = 0, i;
 for ( i = 0; i <= M-1; i++ ){
   if ( x[i] == 0 )
   { if ( len < count ) len = count; count = 0;}
   else count++;   /*  if x[i]==1 */
 }
 if ( len < count ) len = count;
 return len;
}


int main()
{
 int n, s = 0;
 for( n = 0; n <= M_PLUS_J-1; n++ ){
   if( xch[n] == '1' ) x[n] = 1; else x[n] = 0;
   if( ach[n] == '1' ) a[n] = 1; else a[n] = 0;
 }
 for ( n = 1; n <= SAMPLE_NUM; ++n ){
   longadd();
   if ( maxLength() >= 6 ) s++;
 }
 printf ( "s=%6d, p=%7.6f\n", s, (double)s/(double)SAMPLE_NUM);
 return 0;
}
/*================ End of example4_9.c ===============*/
```

おわりに

　本書は確率論の最も重要な使命——ランダム性を解析すること——を強調するあまり，極限定理に関する事項ばかりを扱った．もちろん極限定理は本書で扱ったもの以外にも無数にあるし，必ずしも非常に 1 に近い確率を持つ事象を定めるのではない極限定理もある．しかしいずれにしろ確率論の使命は極限定理だけに留まるもので決してはない．できるだけいろいろな確率論の本を読んでその豊さを感じ取ってほしい．

　しかし，その前に大学初年で学ぶ微分積分と線形代数をしっかり勉強して欲しい．高校数学だけで理解できそうなのは本書のレベルまでであろう．以下は，微分積分と線形代数をしっかり勉強した人へのヒントである．

　[18] は大学初年の微分積分を修得した人に薦めたい本である．初等的な書きぶりだが，じつは微分積分の使われ方が本格的であり，現代の確率論の主要な主題を扱っていて充実している．本書のド・モアブル-ラプラスの定理の証明は [18] を参考にした．[1] も多くの部分は大学初年の微分積分の知識だけで読める本ではあるが，話題が多岐にわたり数学の他分野との関係も詳しく，むしろ多様な数学を知った後で読むとその真価が分かる．

　測度論に基づく確率論を勉強したい人に薦めたい確率論の教科書としては [7, 14, 19] などがある．いずれも定評のある教科書だが，とくに本書とはまったく趣の異なる [14] を一度は読むことを薦めたい．[14] は余計な解釈を挟まず確率論の真髄だけを伝統的な数学のスタイルで書き貫いている名著である．読者はその内容に各自の解釈を見出すように読み進むとよいと思う．確率論を勉強することが目的だったとしても，ルベーグ積分論の一般論は知っておくべきである．[21, 22] を挙げたが，筆者の世代は [2] で学んだものだった．

　数理統計学については [20] が大学初年の微分積分を修得した人向けで読みやすいと思う．数理統計学には現代でも様々な考え方や立場がある．それについ

ては [6] にまとめられている.

　乱数は計算論の主題の一つに過ぎないので，それを含めて計算論一般をたとえば [9](全三巻) で学ぶのがよいだろう．本書は計算論についての基礎的な部分を [3, 11] を参考にした．計算論は元来，数学基礎論から起ったもので，ぜひ，[17] も読んでみて欲しい．アルゴリズム的ランダム性に関する文献では大学院生あるいは研究者向きの本としては [12, 13] らが定本らしいが通読は大変である．

　モンテカルロ法に関しては応用の本は数限りなくあるものの，数学としてしっかりしているものは残念ながら少ない．とくにサンプリングに関して乱数や疑似乱数をきちんと扱ったものとして [10] を挙げておく．

参考文献

[1] 池田信行，小倉幸雄，高橋陽一郎，眞鍋昭治郎共著，「確率論入門 I」，確率論教程シリーズ 1，培風館，(2006).

[2] 伊藤清三，「ルベーグ積分入門」，数学選書 (4)，裳華房，(1963).

[3] 笠井琢美，「計算量の理論」，コンピュータサイエンス大学講座 17，近代科学社，(1987).

[4] 桂利行，栗原将人，堤誉志雄，深谷賢治共著，「背理法」，数学書房選書 2，数学書房，(2012).

[5] カーニハン，リッチー共著，「プログラミング言語 C」第 2 版，石田晴久訳，共立出版，(1989).

[6] 楠岡成雄，「確率・統計」，新数学入門シリーズ 7，森北出版，(1995).

[7] 小谷眞一，「測度と確率」，岩波書店，(2005).

[8] A.N. Kolmogorov, *Grundbegriffe der Wahrscheinlichkeitsrechnung*, Springer-Verlag, Berlin, (1933). ([a] コルモゴロフ，「確率論の基礎概念」，根本伸司訳，東京図書，(1988). [b] 同，坂本實訳，筑摩書房，(2010).)

[9] M. Sipser, *Introduction to the theory of computations*, 2nd ed., (2006). (「計算理論の基礎」原著第 2 版，全三巻，太田和夫，田中圭介監訳，共立出版，(2008).)

[10] H. Sugita, *Monte Carlo Method, Random Number, and Pseudorandom Number*, MSJ Memoirs vol.25, World Scientific, (2011).

[11] 高橋正子，「計算論 (計算可能性とラムダ計算)」，コンピュータサイエンス大学講座 24，近代科学社，(1991).

[12] R.G. Downey and D.R. Hirschfeld, *Algorithmic Randomness and Complexity*, Springer, (2010).

[13] A. Nies, *Computability and Randomness*, Oxford Logic Guides, Oxford

Univ. Press, (2009).

[14] 西尾真喜子, 「確率論」, 実教出版, (1974).

[15] 西尾真喜子, 樋口保成共著, 「確率過程入門」, 確率論教程シリーズ 3, 培風館, (2006).

[16] G.H. Hardy and E.M. Wright, *An introduction to the theory of numbers*, 5-th ed., Oxford Science Publications, (1979). (ハーディー, ライト共著, 「数論入門 I, II」, 示野信一, 矢神毅共訳, シュプリンガー・フェアラーク東京, (2001).)

[17] 廣瀬健, 横田一正共著, 「ゲーデルの世界──完全性定理と不完全性定理」, 海鳴社, (1985).

[18] 福島正俊, 「確率論」, 数学シリーズ, 裳華房, (1998).

[19] 舟木直久, 「確率論」, [講座] 数学の考え方 20, 朝倉書店, (2004).

[20] 松本裕行, 宮原孝夫共著, 「数理統計入門」, 学術図書, (1990).

[21] 盛田健彦, 「実解析と測度論の基礎」, 数学レクチャーノート基礎編, 培風館, (2004).

[22] 谷島賢二, 「ルベーグ積分と関数解析」, [講座] 数学の考え方 13, 朝倉書店, (2002).

[23] P.S. Laplace, *Théorie analytique des probabilités*, (1812). (ラプラス, 「確率論──確率の解析的理論」, 伊藤清解説, 樋口順四郎訳, 現代数学の系譜 12, 共立出版, (1986).)

数学者年表

		生年–没年	本書で関連する主項目
ユークリッド	Euclid	B.C.3 世紀	—の定理
ウォリス	J. Wallis	1616–1703	—の公式
ニュートン	I. Newton	1642–1727	運動の方程式
ライプニッツ	G.W. Leibniz	1646–1716	2 進法表記
ベルヌーイ	J. Bernoulli	1654–1705	—の定理
ド・モアブル	A. de Moivre	1667–1754	二項分布の極限
テイラー	B. Taylor	1685–1731	—の公式
ゴールドバッハ	C. Goldbach	1690–1764	—の予想
スターリング	J. Stirling	1692–1770	—の公式
オイラー	L. Euler	1707–1783	—積分
ラプラス	P.S. Laplace	1749–1827	二項分布の極限
ルジャンドル	A.-M. Legendre	1752–1833	—変換
ガウス	C.F. Gauss	1777–1855	—分布
ポアソン	S.D. Poisson	1781–1840	大数の法則の命名
コーシー	A.L. Cauchy	1789–1857	極限の概念
ワイエルシュトラス	K. Weierstrass	1815–1897	極限の概念
チェビシェフ	P.L. Chebyshev	1821–1894	—の不等式
マルコフ	A.A. Markov	1856–1922	—の不等式
ヒルベルト	D. Hilbert	1862–1943	—の第 6 問題
ボレル	E. Borel	1871–1956	正規数定理
ルベーグ	H. Lebesgue	1875–1941	測度論
ワイル	H. Weyl	1885–1955	—変換
ポーヤ	G. Pólya	1887–1985	中心極限定理
クラメール	H. Cramér	1893–1985	—の不等式
コルモゴロフ	A.N. Kolmogorov	1903–1987	確率論の公理
フォン・ノイマン	J. von Neumann	1903–1957	モンテカルロ法
ゲーデル	K. Gödel	1906–1978	—数
クリーネ	S. Kleene	1909–1994	—の標準形
ウラム	S.M. Ulam	1909–1984	モンテカルロ法
チューリング	A.M. Turing	1912–1954	—機械
チェルノフ	H. Chernoff	1923–	—の不等式
ソロモノフ	R. Solomonoff	1926–2009	コルモゴロフ複雑度
チャイティン	G. Chaitin	1947–	コルモゴロフ複雑度

索 引

記 号

\#   x, 3
:=   x
$\ll, \gg$ x, 11, 120
$\emptyset$ x
$\square$ x
$\cong$ 110
$\Longrightarrow$ x
$\mapsto$ 118
$\otimes$ 57
$\prod_{i=1}^{n}, \prod_{i \in I}$ x, 55, 119
$\sim$ x, 45, 75
$\approx$ x, 12
$\langle x_1, x_2, \cdots, x_n \rangle$ 39
$(u)_i^n$ 39
$\lfloor t \rfloor$ x, 39, 121
$\{0,1\}^*$ 38
$\mathbf{1}_A(x)$ x, 118
A^c x, 118
$d_i(x)$ 3, 123
$\mathbf{E}$ 58
$\exp(x)$ 16
$H(p)$ 49
$K(x)$ 41
$K_A(x)$ 40
$L(q)$ 39
$\max[\min]$ x, 31, 65
mod   112

$\mu_y(p(x_1, \cdots, x_n, y))$ 31
$\mathbb{N}$ x, 28
$\mathbb{N}_+$ x, 44
P_n 11
$\mathfrak{P}(\Omega)$ x, 2
$\mathbb{P}$ 3
$\mathbb{R}$ x
$\mathbf{V}$ 58
ξ_i 15
$\sum_{\omega \in \Omega}, \sum_{\omega \in \Omega\,;\,X(\omega)=a_i}$ 120

用 語

$\{0,1\}$-列   1
ε-δ 論法   127
i.i.d.   57

あ 行

アリス   11
アルゴリズム   40
一般的な値   101
ウォリスの公式   76
エントロピー関数   49
オイラー積分   76

か 行

ガウス
   —積分   84
   標準—分布   22
確率   5

138 | 索引

A の (起こる)— 5
$X = a_i$ となる— 7
  —空間　5
  —測度　5
  —分布　5, 7
  —変数　7
  一様—測度　6
  経験的 (統計的)—　64
  条件付—　54
  直積—測度　57
可算集合　28
  非—　28
仮説　99
関数 (写像)　118
ガンマ関数　76
危険率　100
疑似乱数　19, 105
  —の種　19, 105
疑似乱数生成器　19, 105
  —の初期化　105
  安全な—　106
帰納的
  —関数　29
  原始—関数　30
  全域—関数　32
  部分—関数　31
極限定理　15
  中心—　91
クラメール - チェルノフの不等式　65
クリーネの標準形　33
計算論 (計算理論)　26
ゲーデル数 (インデックス)　35
結合分布 (同時分布)　7
元 (要素)　2
検定　99

語　38
  空—　38
硬貨投げ
  n 回の—　11
  不公平な—　57
  無限回の—　20
広義積分　16, 22
公式
  ウォリスの—　76
  スターリングの—　75
  テイラーの—　73
コルモゴロフ複雑度　41

さ　行

座標関数　3
サンプリング (標本抽出)　9
  無作為な—　17, 116
  ランダム - ワイル -—　114
サンプル値 (標本値, データ)　9
事象　5
  空—　5
  根元—　5
  全—　5
  余—　6
情報圧縮　44
剰余項　75
信頼
  —区間　99
  —度　99
推定　96
数学モデル　1
スターリングの公式　75
積分
  オイラー—　76
  ガウス—　84
  広義—　16, 22

モンテカルロ—　107
積率 (モーメント)　65
　　—母関数　64
全域関数　31
　　全域帰納的関数　32
相対度数　15
速度関数　65
測度論　6, 21
素数
　　—定理　45
　　—分布　44

た　行

対角線論法　29
大数の法則　62
互いに素 (排反)　5
チェビシェフの不等式　61
中心極限定理　91
チューリング機械　30
直積　x, 117
　　—確率測度　57
対独立　61
定義関数　x, 118
停止問題　37
テイラーの公式　73
定理
　　素数—　45
　　中心極限—　91
　　ド・モアブル - ラプラスの—　72
　　ベルヌーイの—　51
　　ボレルの正規数—　21
　　枚挙—　35
　　ユークリッドの—　44
独立
　　—同分布　57
　　確率変数が—　55

　　事象が—　55
　　対—　61
ド・モアブル - ラプラスの定理　72

は　行

半開区間　3
万能
　　—アルゴリズム　40
　　—関数　35
半目の補正　89
非可算集合　28
標準
　　—化 (正規化，規格化)　70
　　—正規 (ガウス) 分布　22, 72
　　—的実現　10
　　—的順序　38
　　クリーネの—形　33
不等式
　　クラメール - チェルノフの—　65
　　チェビシェフの—　61
　　マルコフの—　61
部分関数　31
　　部分帰納的関数　31
ブラウン運動　23
分散　58
分布　5, 7
　　一様—　6
　　確率—　5, 7
　　結合 (同時)—　7
　　周辺—　8
　　素数—　44
　　同—　55
　　独立同—　57
　　二項—　68
　　標準正規 (ガウス)—　22, 72
平均 (期待値)　58

ベキ集合　x, 2
ベルヌーイの定理　51
変換　118
ボレル
　—の硬貨投げのモデル　3
　—の正規数定理　21

ま 行

枚挙
　—関数　35
　—定理　35
マルコフの不等式　61
無作為なサンプリング　17, 116
モンテカルロ
　—積分　107
　—法　18, 101

や 行

ユークリッドの定理　44

ら 行

乱数　13, 42
ランダム
　— - ワイル - サンプリング　114
　—性　iii, 15
　—な $\{0,1\}$-列　13
　アルゴリズム的—性　13
ループ　32
　無限—　32
ルジャンドル変換　65
ルベーグ測度　4

わ 行

ワイル変換　114

杉田 洋
すぎた・ひろし

略 歴
1958年　大阪府生まれ
1981年　京都大学理学部卒業
現　在　大阪大学大学院理学研究科教授，理学博士

数学書房選書 4
かくりつ　らんすう
確率と乱数

2014年 7 月 15 日　第 1 版第 1 刷発行

著者　　杉田 洋
発行者　横山 伸
発行　　有限会社　数学書房
　　　　〒101-0051　東京都千代田区神田神保町 1-32-2
　　　　TEL　03-5281-1777
　　　　FAX　03-5281-1778
　　　　mathmath@sugakushobo.co.jp
　　　　振替口座　00100-0-372475
印刷
製本　　モリモト印刷
組版　　アベリー
装幀　　岩崎寿文

ⓒHiroshi Sugita 2014　Printed in Japan
ISBN 978-4-903342-24-5

数学書房選書

桂 利行・栗原将人・堤 誉志雄・深谷賢治　編集

---

1. 力学と微分方程式　山本義隆●著　　A5判・pp.256
2. 背理法　桂・栗原・堤・深谷 ●著　　A5判・pp.144
3. 実験・発見・数学体験　小池正夫●著　　A5判・pp.240
4. 確率と乱数　杉田 洋●著　　A5判・pp.160

以下続刊

・コンピュータ幾何　阿原一志●著
・複素数と四元数　橋本義武●著
・微分方程式入門──その解法　大山陽介●著
・フーリエ解析と拡散方程式　栄 伸一郎●著
・多面体の幾何──微分幾何と離散幾何の双方の視点から　伊藤仁一●著
・p進数入門──もう一つの世界の広がり　都築暢夫●著
・ゼータ関数の値について　金子昌信●著
・ユークリッドの互除法から見えてくる現代代数学　木村俊一●著

（企画続行中）